シリーズ
ニッポン再発見
5

日本の橋

その物語・意匠・技術

五十畑弘［著］

Series
NIPPON Re-discovery
Bridges in Japan

ミネルヴァ書房

巻頭カラー特集

橋から見る日本文化と歴史

橋は、私たちの日々の生活でもっとも身近なインフラ施設である。
人々の移動の利便性、快適性、安全性を確保するために、
その時々の技術を駆使して世に送り出された橋は、その後、
構造物としての役割を果たす時間の流れの中で、多くの物語を生んで来た。
橋と周辺の織りなす景観は、欠かすことのできないまちなみの構成要素となった。
橋にまつわる物語、意匠、技術から、橋を改めて見直すことで、日本の文化と歴史が見えてくる。

近世以前の橋 ── 長崎の眼鏡橋。日本最古の石造《せきぞう》アーチ。長崎の中島川の石造アーチ群の最初の橋として、1634(寛永11)年に、中国人によって建設された。1982(昭和57)年の長崎大水害で半壊となり修復された(→P64)〈長崎県〉。

近代の橋 ── 八幡《はちまん》橋(旧弾正橋)。1878(明治11)年の国産錬鉄トラス。東京富岡八幡宮の裏手に現存(→P108)〈東京都〉。

現代の橋 ── 明石海峡大橋。架設工事中に阪神淡路大震災に遭遇したが軽微な損傷で1998(平成10)年竣工。1991mの世界最長スパンの吊橋〈兵庫県〉。

日本の古橋
江戸の橋
(江戸時代より前の橋)

宇治橋。京の都へつながる要衝に位置し、数多くの戦の場となった(→P12)〈京都府〉。〔I〕

三条大橋。東海道の西側の起点。橋の下の河原は、たびたび処刑の場となった(→P26)〈京都府〉。〔I〕

瀬田橋。琵琶湖の南の大津市瀬田に架かる。東国から京へ入る交通の要衝として宇治橋とともに古くから歴史に登場する(→P17)〈滋賀県〉。〔I〕

五条大橋。もとの五条大橋は1本北の通りにあったが、豊臣秀吉の時代に現在の場所に移った(→P30)〈京都府〉。〔I〕

四条大橋。四条大橋の創建は12世紀まで遡る(→P28)〈京都府〉。〔I〕

渡月橋は9世紀に創建され、江戸時代初期に、角倉《すみのくら》了以《りょうい》（1554～1614年）によって現在の場所の桂川左岸と中洲にかけられた。長さ155mで、現在の橋の橋脚は鉄筋コンクリートである〈京都府〉。〔I〕

日本橋模型。江戸の橋のイメージを代表する日本橋。江戸東京博物館には実物大模型が展示されている(→P32)〈東京都〉。〔I〕

錦帯橋《きんたいきょう》。創建は17世紀後半で、その後何度も架け替えられてきた。最近は2003(平成15)年に平成の架け替えがされた(→P36)〈山口県〉。〔I〕

反《そり》橋《ばし》と石造《せきぞう》アーチ橋

住吉大社の反橋。太鼓状の桁を支える橋脚は、貫材は木材であるが柱は石造である(→P45)〈大阪府〉。〔I〕

平等院鳳凰堂《ほうおうどう》の反橋。浄土庭園の園池には平橋《ひらばし》と反橋がある。平等院の創建は11世紀中ごろであるが、現在の橋は遺構発掘調査で近年再現された(→P49)〈京都府〉。〔I〕

亀戸《かめいど》天神の反橋。境内に2つの反橋があるが、江戸時代の橋にはあった橋脚が、その後の架け替えでなくなっている(→P46)〈東京都〉。〔I〕

日光神橋《しんきょう》。二荒山《ふたらさん》神社の手前に架かる神橋は、反橋と呼ばれることもあるが、構造的には刎橋《はねばし》である(→P51)〈栃木県〉。〔I〕

称名寺の反橋。称名寺は、北条実時により13世紀に建立され、反橋はその50年後に創建された。現在の橋は遺構調査の結果により復元された(→P50)〈神奈川県〉。〔I〕

南禅寺水路閣。琵琶湖疏水を通すために南禅寺境内に建設されたレンガ積のアーチ（→P66）〈京都府〉。〔I〕

諫早の眼鏡橋。長崎の眼鏡橋の5年後に架設された2連の石造アーチ。1957（昭和32）年の諫早豪雨で、現在の400mほど上流の公園に移設された（→P64）〈長崎県〉。〔I〕

創成橋。明治初年に札幌の中心部に開削された堀に架けられた木造橋が、1910（明治43）年に石造アーチ橋に架け替えられた。橋長はわずか7mほどであるが、東京の日本橋と同時期に近代的手法で建設された〈北海道〉。〔I〕

西田橋。幕末に鹿児島の甲突川《こうつき》に架けられた五橋のひとつ。1993（平成5）年の洪水で被災し、解体されて石橋記念公園に移設された（→P72）〈鹿児島県〉。〔I〕

大分の代表的石造橋、山王橋。大分県の石造アーチは明治以後に建設されたものがほとんどである。

1907（明治40）年に橋本体が完成。橋長56m〈大分県〉。〔I〕

初期の鉄・鋼橋、コンクリート橋

緑地西橋（旧心斎橋）。もとは1873（明治6）年にドイツから輸入されて架けられた旧心斎橋であった。解体保存されていた桁を修復して大阪市鶴見区の緑地公園に歩道橋として再生した。国内最古の現役の橋である（→P106）〈大阪府〉。〔I〕

神子畑《みこはた》鋳鉄橋。日本では珍しい鋳鉄製の橋。1887（明治20）年に神子畑鉱山産出の鉱石運搬道路の橋として架設された（→P117）〈兵庫県〉。〔I〕

浜中津橋。1874（明治7）年に京都・大阪間の鉄道用にイギリスから輸入された100ftポニートラスの一部を使った道路橋が、大阪の十三《じゅうそう》大橋のたもとに現存する（→P108）〈大阪府〉。〔I〕

日ノ岡第10号橋。1903（明治36）年に国内で最初の鉄筋コンクリートアーチ。琵琶湖疏水の責任者であった田辺朔郎《たなべさくろう》の設計。この前年に架設された国内初の鉄筋コンクリート桁、第11号橋も隣に現存する（→P129、130）〈京都府〉。〔I〕

南高橋（旧両国橋）。関東大震災で被災した、旧両国橋（1905［明治38］年）を再利用して1932（昭和7）年に架設された〈東京都〉。〔I〕

物語と伝説の橋

旧揖《い》斐《び》川《がわ》橋梁《きょうりょう》。京都・名古屋間の車内風景を書き出しとする夏目漱石の「三四郎」の会話は、この旧揖斐川橋梁を含む木曽三川をわたる橋の上かもしれない。この橋は1887（明治20）年の開通のときと同じ場所に現存する（→P152）〈岐阜県〉。〔I〕

一条戻橋《いちじょうもどりばし》。この橋は京都の一条通が堀川を越える場所に架かり、創建は8世紀である。これ以来実に多くの伝説に登場する（→P162）〈京都府〉。〔I〕

涙橋（現浜川橋）。現在の東京都大田区の場所にあった鈴ヶ森刑場付近の涙橋は、処刑される罪人が涙ながらに別れを告げる場所であった（→P160）〈東京都〉。〔I〕

布橋

『立山曼荼羅』（金蔵院本）に描かれた布橋。反橋が、罪人を転落させる審判の橋として描かれている（→P177）〈富山県〉。

金蔵院蔵、提供：富山県立山博物館

動く橋（可動橋）

長浜大橋。愛媛県の肱《ひじ》川河口に架かるこの橋は、1935（昭和10）年の竣工で、勝鬨橋《かちどきばし》よりも5年早い。現在も開閉する現役の可動橋である（→P195）〈愛媛県〉。〔I〕

筑後川昇開橋《しょうかいきょう》。1935（昭和10）年完成した旧佐賀線の鉄道橋で、現在は開いた状態（写真下）で固定され、遊歩道として利用されている。閉じた状態（写真上）は佐賀線廃線（1987年）以前の撮影（→P193）〈福岡県／佐賀県〉。〔I〕

天橋立《あまのはしだて》の小天橋《しょうてんきょう》。京都の天橋立にあるこの可動橋は、3径間のうち、2径間が旋回する方式である。開閉回数は、多いときで1日50回に達する（→P190）〈京都府〉。〔I〕

はじめに

大昔より、人々は、自然に対して様々な働きかけを行って、生活圏の安全や利便性を追い求めてきた。おそらくこの働きかけは、人類の歴史とともにはじまったはずである。狩猟をするために道を踏みしめ、川や谷を越えたであろうし、森を切り拓き、土地を耕して灌漑の水をひきこみ、あるいは居住地への雨水や洪水の浸入を防ぐために堤防や排水路を築いてきた。このような様々な自然への働きかけがなければ、日々の暮らしは成り立たなかった。

この活動の中で、最も基本的かつ、日常的なことは、人が場所を変え、物を移動させることである。共同で作業をするため、物々交換のため、交易のため、祭りのため、あるいは戦のために、人々は集い、食料、水、資材などの物をともなって、ある場所からある場所へと移動をする必要があった。自然の地形は、時としてこの生活圏の中での人や物の移動を阻害した。川や谷間といった障害を越えて、人々の行き来や、物の移動を可能とする手段が必要であった。これが橋である。

小川を越えるには木を倒し、蔓で編んだロープで谷間を越えることができたが、生活圏が拡がると、越えるべき障害物も大きくなった。橋の規模も次第に大きくなり、これを達成するために、様々な技術の工夫が凝らされてきた。

生活の場に密着した橋は、長年にわたって身近に使われることで、欠かすことのできない地域社会を構成する要素となった。橋はこの過程で、社会のいろいろな出来事の舞台となった。このため、橋の成り立ちを知り、その歴史を訪ねることは、そのまま人間社会の歴史、文化の理解につながる。

橋が構造物としてその形を保つためには、重力に抗し、地震や風の作用に耐える力学的諸条件を満たさなければならない。近代になって、鉄とコンクリートの出現は、橋の構造に大きな変革をもたらした。産業革命によって石炭製鉄は、安価で大量な鉄の供給を実現し、それ以前は、もっぱら木や石などの自然材料が使われた橋に、強度の高い鉄が使われるようになった。

わが国では、明治初頭から、鉄の橋が建設されはじめ、次いでコンクリートの出現によって、近代的な橋が架けられるようになった。近代における橋の技術は、鉄道建設とともに飛躍的な変化を遂げた。幾何学模様を演出する高速道路も橋の連続である。橋の発展の過程を振り返ることも、やはり、社会の歴史、文化を知ることにつながる。

本書では、いろいろな出来事や小説の舞台となった橋にまつわる物語や、造形の対象として見た橋の意匠、そして構造物の側面から見た橋の技術の視点から話題を設定し、これを通じて歴史、文化について触れる。橋はその意味の多面性ゆえに、比喩的表現に使われ、多くの物語、小説の題材となった。生活の場における橋の姿形は、景観に大きな影響を与え、人々の興味の対象となった。そして、構造物として力学的に成立させるための様々な工夫の足跡もまた、橋の文化を語る上で重要な要素である。

過去のある時点における人々の活動の結果として作り出され、現在に引き継がれる橋は、それ自体が歴史であり、文化財である。『広辞苑』によれば、文化財とは、「将来の文化的発展のために継承されるべき過去の文化」であり、さらに文化とは、「人間が自然に手を加えて形成してきた物心両面の成果」とある。

橋は、交通時間の短縮や、電気、水の供給、新たな視覚景観などの物的な成果とともに、生活様式に影響を与える舞台装置の一構成要素となる心的な成果をもたらす。世代を超えて供用される橋は、建設された時点から将来に向けて送り出された一種の時限装置であり、実用をともなうタイムカプセルともいえる。橋は、ほかの建造物とともに、文化、歴史を読み解く格好の対象である。

本書が、日々あまり意識することのない橋という窓を通して、地域の文化や歴史を見るきっかけとなれば、長年橋に関わってきた筆者の望外の幸せである。

※本書への写真掲載にご協力頂きました関係各位に感謝いたします。著者撮影の写真についてはキャプションに〔I〕と記しています。

目次

巻頭カラー特集 橋から見る日本文化と歴史

はじめに …… 1

1 古代から近世 …… 7

日本の古橋●9／江戸の橋●32

2 在来種と外来種 …… 41

反橋《そりばし》●43／石造《せきぞう》アーチ●57

3 対外比較による日本の橋 …… 77

西欧人の見た日本の橋●79／サムライの見た西欧の橋●88

4 鉄とコンクリート …… 103

鉄橋ことはじめ●105／コンクリート高架橋●126

5 伝説と物語……147

夏目漱石の小説と橋●149／伝説と迷信の橋●160

6 動く橋……183

可動橋とは●185／近代初期の可動橋●187

7 木造橋の構造……199

梁《はり》の力学●201／中世以後の欧米の木造橋●206／梁《はり》からトラスへ●210

8 橋の建設と契約……221

橋の注文方法●223／明治以前の入札、施工方式●224／明治における請負形式●228／日本人の契約意識●235

橋事情余話

世界遺産の刎橋《はねばし》「フォース鉄道橋」……38
イギリス版石橋《いわはし》「ター・ステップ」……74
江戸東京下町の橋……100
東京日本橋川の一番橋「豊海《とよみ》橋」……144
晒《さらし》首のメッカ中世のロンドン橋……180
変わり種の可動橋2種……196
トラス構造の訳語表現……218
国際契約をめぐるトラブル……240

おわりに……244
参考文献……246
さくいん

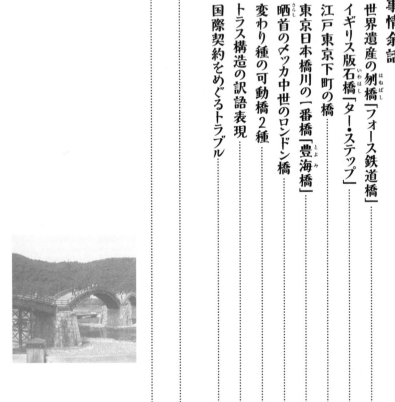

鉄筋コンクリートの橋脚に鋼桁の現在の瀬田橋。〔I〕

1 古代から近世

橋に関する最も古い記述は、『日本書紀』の神代下に出てくる。7世紀には、日本三大古橋と呼ばれる宇治川の宇治橋*、山崎橋、瀬田橋*が架けられた。京の都へ通じる交通の要衝に架けられたこれらの橋は、幾多の戦の場となり、歴史の舞台に登場した。

京の都では権力者の手で、あるいは神社の参拝者の寄進、僧侶らによって三条大橋、四条大橋、五条大橋の鴨川の三大橋が架けられた。中世までの橋は、当初は構造の簡素なものがほとんどであったが、16世紀後半以降の天下統一へ向けた戦国の時代の終焉とともに、京、大坂、そして東国でも本格的な橋の建設がはじまった。そして江戸時代に入ると街道の整備、まちづくりとともに、橋が各地に建設されていった。

まずは、古代から近世まで、時代とともに登場した橋や、橋をめぐる出来事を見ていく。

日本の古橋

記録にもとづく古橋

『日本書紀』の記述

橋に関する日本で最初の記録としては、『日本書紀』の巻第二神代下の中に出てくる記述がある。現代語訳の『日本書紀』によれば、「あなたが行き来して海に遊ばれる備えのために、高い橋や水上に浮いた橋、鳥のように速く駆ける船など造りましょう。また天上の安河《やすのかわ》にかけ外しのできる橋を造りましょう」とある。『日本書紀』の神代下といえば、海彦・山彦の神話の世界であり、真偽のほどはわからないが、通常の橋のほか、浮橋や、架け外しのできる打ち橋という橋を架けることについての最初の記述である。

同じく『日本書紀』の仁徳天皇の代には、茨田堤や淀川の堀江などの最も古い土木事業の記述があるが、橋についても、「14年冬11月、猪甘津《いかいのつ》に橋を渡した。そこを名づけて小橋といった」と架橋の記録がある。仁徳天皇14年とは西暦３２６年で、橋は現在の大阪市の東成区を流れる平野川に架けられた。

さらに、６１２（推古天皇20）年には、大陸からの架橋技術の伝来に関する記述がある。「この年百済から日本を慕ってやってくる者が多かった。（中略）『私にはいささか才能があります。私を

用語解説……**宇治川の宇治橋**●伊勢神宮の内宮参道で五十鈴川に架かる古橋も宇治橋であるが、この宇治橋は京都南部で宇治川に架かる橋。
瀬田橋●道路管理上や観光案内などでは「瀬田の唐橋」と表記することが多く、このほか「勢多の唐橋」、あるいは「長橋」などと呼ばれるが、本書では、『明治工業史　土木編』の表現に倣い「瀬田橋」とする。

留めて使って下されば国のためにも利益があるでしょう』といった。そこでその言葉を聞いて須弥《しゅみ》山《せん》（世界の中心をなすという山）と呉風《くれふう》の橋を御所の庭に築くことを命じた。時の人はその人を名づけて路子工《みちこのたくみ》といった」とある。呉風の橋とは石橋という説もあるがどのような形をしていたかについては、定かではない。大分県の宇佐神宮の西参道には、呉橋と呼ばれる長さ25メートルほどの屋根付きの反りのついた木造橋がある。香川県の金刀比羅宮《ことひらぐう》の鞘橋《こずえ》も同じ立派な屋根のついた橋であるが、このような屋根付きの橋を呉橋と呼んだのかもしれない。あるいは、中国の呉で見られたアーチの形を真似て、反りのついた桁を途中で支える反橋《そりばし》を呉橋と呼んだ可能性もある（第2章「反橋」参照）。

長柄《ながら》橋

一方、『日本後紀』の嵯峨天皇の812（弘仁3）年の条には、「六月己丑遣使造攝國長柄」（摂津国長柄橋の架設のために造橋使を派遣する）との記述がある。この長柄橋は、難波長柄豊碕宮に通じる道路が淀川を越える場所に架けられたとされる。

現在の長柄橋は、淀川をわたる東海道本線から上流側に見える天神橋筋を通すバスケットハンドル形のアーチ橋*であるが、古代の長柄橋は淀川の流路が今日と異なることもあり、正確な位置はわかっていない。

律令時代において橋の架設をする際には、まず朝廷が造橋所を設置して、天皇、太政官の命令書である宣旨《せんじ》によって造橋使が任命された。工事は現地に派遣された造橋使が、地元から提供された資材で執行したとされる。

長柄橋は、『古今和歌集』など後年に歌や文学に登場することも多く、名前もよく知られていることから、長い間使われた橋であると思われるが、廃橋となったのは、創建後わずか40年ほどであった。これ以後、1000年以上にわたって橋は建設されずに渡し舟による渡河で交通の便が維持されてきた。橋が再建されたのは明治になってからのことである。

相模川橋の橋脚杭

物証によって存在がわかった橋もある。そのひとつが相模川橋である。関東大震災の液状化によって地中にあった直径50センチメートルから70センチメートルのヒノキの橋脚杭が10本出現し

用語解説……バスケットハンドル形のアーチ●アーチ面が内側に傾斜がつき、外観がバスケットの取っ手(ハンドル)のように見えることから呼ばれるアーチ橋の形式。

国史跡・天然記念物相模川橋脚杭。橋軸方向から杭列を見る。杭は水を張った保存池の地中に埋戻し、直接目にする部分は正確に模したレプリカである。〔I〕

た。JR茅ヶ崎駅から2キロメートルほど西の新湘南バイパスが国道1号を越える付近で、現在の相模川から少し離れた場所である。中世の相模川は、現在の流路よりも東にずれていたことがわかっており、『吾妻鏡』の記述とも照らし合わせると、地震で出現した橋杭は鎌倉時代の相模川の橋脚と断定された。

橋杭が出現した当時、遺跡の調査結果にもとづいて考証を行った沼田《ぬまた》頼輔《よりすけ》によれば、相模川橋は鎌倉時代の1198年に源頼朝の配下にあった稲毛《いなげ》重成《しげなり》が、妻(北条政子の妹)を供養するために架けたとされている。

橋の幅は、橋杭の配列から約9メートル程度であったことが推測される。この橋の幅は瀬田橋や宇治橋の7・2メートルを越えて、五条大橋の9・5メートルに匹敵する規模である。

●日本三大古橋

歴史に登場する古い橋の代表格としてあげられるのが日本三大古橋と呼ばれる宇治川の宇治橋、淀川の山崎橋、そして琵琶湖から流れ出る瀬田川に架かる瀬田橋である。いずれの橋も様々な歴史上の出来事に関わりをもつ著名な橋である。

宇治橋

現在の宇治橋は、京阪宇治駅のすぐ駅前で宇治川をわたる場所に架かる。幅25メートルで両側に

現在の宇治橋。西側の下流側より（2016年撮影）。〔I〕

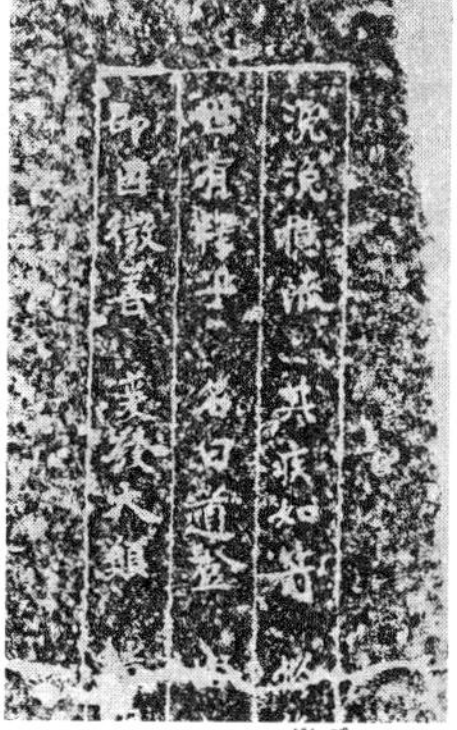

重要文化財・宇治橋断碑《だんぴ》碑文。

橋寺放生院所蔵

宇治橋西詰。擬宝珠《ぎぼし》のついた木製高欄《こうらん》。〔I〕

歩道がある長さが155メートルの交通量の多い橋である。駅を出るとすぐに宇治川橋の東詰で、ここから宇治平等院がある西岸を結ぶ。

宇治橋の創建は、646（大化2）年に僧道登（生没年不詳）によるとされている。これは、橋のすぐ横にある橋寺放生院の境内で江戸時代に発掘された石碑の断片に刻まれた建設の由来の碑文を根拠としている。ただ、『続日本紀』では、橋を架けたのは法相宗の僧道昭（629～700年）によるとある。

紫式部の『源氏物語』の最後の部分の宇治十帖は、この地が舞台となっている。これにちなんで宇治橋の西側のたもとには、紫式部の像がある。

平安時代中期に編纂された格式の延喜式には、「宇治橋ノ敷板、近江国十枚、丹波国八枚、長サ各三丈、弘サ一尺三寸、厚サ八寸」とある。おそらく橋の床板《ゆかいた》の寄進のルールを定めたものと思われるが、幅40センチメートル、厚さ24センチメートル、長さ約9メートルの木材を橋の長さ方向に敷き並べたとすれば、橋の幅員は9メートルにもなる立派な橋であったことがうかがえる。

しかし15世紀後半の応仁の乱以後、橋の管理者であった橋寺放生院の衰退や、たびたび起こる洪水によって、1世紀以上にわたり橋は流失したままであった。宇治橋はその後、織田信長によって1580年に再建され、さらに伏見城の築城とともに豊臣秀吉によって架け替えられた。徳川政権確立後は1619年に徳川秀忠により改築され、以後、徳川幕府の管理する橋となった。

山崎橋

山崎橋は、桂川、木津川、宇治川の三川が合流して淀川となる付近で、山城国山崎と橋本を結んでいた。行基（668〜749年）によって8世紀初めに架けられたとされているが、現在では橋は存在しない。

645年の大化の改新以後、律令国家を成立させた基礎のひとつは、班田収授の法の執行による歳入管理法の確立であり、地割の条里制を可能とした測量技術や、水路を引き溜池を造る土木技術がこれを支えた。これらの技術は先進知識として仏教とともに大陸からもたらされ、その担い手は僧侶であった。少し後の8世紀から9世紀に活躍する空海（774〜835年）も遣唐使として長安で密教を学び、薬学とともに土木技術も修めた。「道路、用水路、溜池、橋などの土木事業は、仏教の布教とともに、僧侶の活動範囲であった」というと、僧侶

山崎橋と橋本の風景（大山崎歴史資料館展示模型）。手前が山崎、上方が橋本で、淀川は右手に流れる。〔I〕

山崎院跡を示す石碑。山崎院とは橋の管理と行基の教えを流布させるために設置された道場である。現在のJR山崎駅のすぐ近くにあった。〔I〕

が本業で、その副業的な意味合いで橋も架けたと思われるが、それは僧侶と技術者とは異なる専門職とみる今日的な見方であって、おそらくは宗教、薬学、土木いずれもが本業であったのではないかと思われる。

　このひとりが、道昭に師事して技術も学んだ行基であった。日本地図の原形となった行基図とよばれる最初の日本全国地図もこの時代に作られ、以後江戸時代まで使われた。

　僧侶の土木事業への関与は、中世ヨーロッパでもあったといわれる。聖職者のグループが、橋の補修や架設をキリスト教の布教の傍ら行っていたという。この名残は、ローマ教皇の正式名称「ポンティフェクス・マクシムス（pontifex maximus）」（橋梁《きょうりょう》架設者の長）に残っている。

　さて、話を戻すと、三川が合流して摂津平野へ流下する山崎の地は、古くから頻繁に起こる川の氾濫によって、橋は常に被害を受けていたものと思われる。山崎橋は、僧行基によって725（神亀2）年に架設が行われ、橋の管理を行う山崎院も設立された。しかし11世紀にはすでに橋は存在せず16世紀末に一度復活するがその後、20世紀まで長らく渡河の交通は渡し舟が使われ、現在に至るまで橋は建設されていない。

　阪急電鉄の大山崎駅を降りてすぐ近くにある大山崎歴史資料館には、山崎と対岸の橋本を結ぶ山崎橋と橋本の風景の模型が展示されている。

瀬田橋

現在の瀬田橋は、滋賀県道2号大津能登川長浜線が、大津市瀬田で瀬田川を越える場所に架かる全長260メートルの橋である。橋は中洲を隔てて二橋よりなる。この瀬田橋は、宇治橋とともに、古くから歴史の舞台としてたびたび登場する。

東国から京に入るには琵琶湖東岸の近江平野を中山道で南下して琵琶湖の幅が狭くなった矢橋から舟で琵琶湖南端を越える湖上ルートをとるか、陸路をとるには、もう少し南に下り瀬田を通過するルートがあった。

瀬田川は、琵琶湖を発して南に下り、西に大きく屈曲して琵琶湖西岸から逢坂を経て南に連なる丘陵部の醍醐山地南部を抜け、宇治に達する。宇治川となった流れは、やがて、山崎の付近で南東からの木津川、京都方面からの桂川と合流して淀川となる。

琵琶湖から山崎まで50キロメートルほどの瀬田川、宇治川の流れは、琵琶湖から8キロメートル南に下ったあたり

現在の瀬田橋（ともに2015年撮影）。〔I〕

から南北方向に曲がりくねり、これに山岳地帯が絡み絶妙の地勢条件を作り出している。瀬田川、宇治川は東国からの進軍から京を守る自然の防衛ラインであり、これに架かる瀬田橋、宇治橋は、京への出入りの交通の要衝でもあった。これゆえに、瀬田や宇治の地は古代より実に多くの戦の場として歴史に登場する。

宇治川と瀬田川の流路

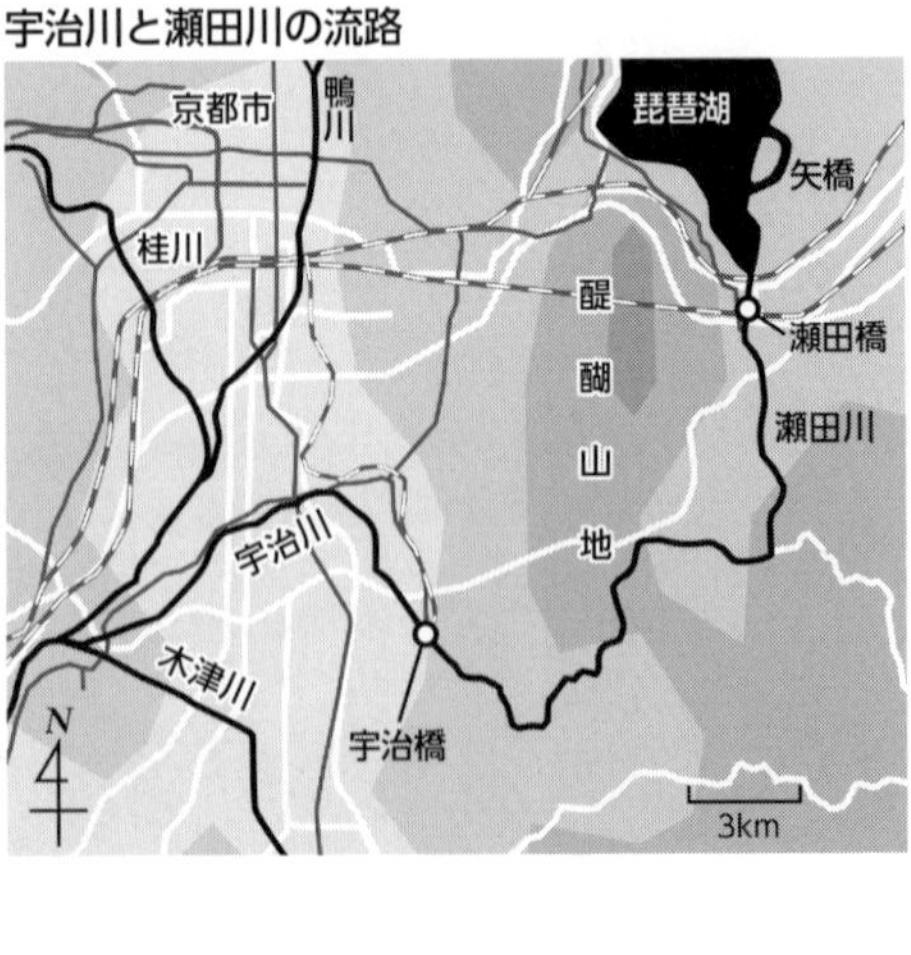

瀬田橋をめぐる戦

瀬田の地における戦の最も古い記録としては、『日本書紀』に麛坂王《かごさかのみこ》と忍熊王《おしくまのみこ》の神功皇后に対する反乱の戦がある。２０１（神功皇后摂政元）年に、忍熊王と皇后の命を受けた武内宿禰《たけうちのすくね》は宇治で戦端を開いた。策略によって破れて退却する忍熊王の軍は、武内宿禰の精兵の追撃を受け、大津の西の逢坂（追う坂）で追いつかれ、多くの兵が栗林で斬られた。忍熊王はさらに瀬田まで逃げたが、ついに瀬田の渡しの場所で入水して自害して果てたとある。このときはまだ瀬田川をわたるのは渡し舟であった。忍熊王の屍は瀬田では見つからず、何日かたって、下流の宇治で発見されたという。

壬申の乱でも、瀬田の地が戦の場となったが、この時点ではすでに橋が存在していた。『日本書紀』の「天武天皇　上」に、瀬田橋を挟んで対峙する大友皇子《おおとものみこ》と大海人皇子《おおあまのみこ》の戦が記されている。

瀬田橋をめぐる主な戦

西暦（和暦）	瀬田橋をめぐる戦、騒乱
201（神功皇后摂政元）年	麛坂王《かごさかのみこ》と、忍熊王《おしくまのみこ》の反乱を武内宿禰《たけうちのすくね》が逢坂から瀬田橋に追い詰めて撃破。
672（天武天皇元）年	壬申の乱。大友皇子《おおとものみこ》の軍が瀬田の西に布陣し、橋桁《はしげた》を落として東から渡河する大海人皇子《おおあまのみこ》の軍の阻止を試みたが失敗。
764（天平宝字8）年	恵美押勝《えみのおしかつ》の乱。恵美押勝vs山背守日下部子麻呂《やましろのかみくさかべのこまろ》等対峙。
1184（寿永3）年	源範頼《みなもとののりより》、義経《よしつね》vs木曽義仲《きそよしなか》対峙。
1221（承久3）年	東軍北条時房《ほうじょうときふさ》vs京軍山田重忠《やまだしげただ》等および叡山宗徒対峙。
1336（建武3）年	足利直義《あしかがただよし》vs名和長年《なわながとし》等対峙。
1582（天正10）年	本能寺の変後、明智光秀《あけちみつひで》vs勢多城主、山岡景隆《やまおかかげたか》対峙。

６７２（天武天皇元）年７月、瀬田橋の西に布陣する大友皇子の軍が橋の中央部を切断し、その上に板をわたしてこれを踏んで進軍する敵兵があれば板を引いて阻止した。しかし押し寄せる大海人皇子の軍に突破され、大友皇子は自害に追い込まれた。

恵美押勝《えみのおしかつ》の乱（７６４年）もやはり宇治から瀬田が戦場であった。この戦によって橋が焼失したとあり橋が存在していたことがうかがえる。この後も橋が継続して存在したが、時代によっては橋が破損したままで渡し舟の時代もあったようである。

時代が下り、木曽義仲《きそよしなか》と平家との合戦（１１８３年）や翌年の源範頼《みなもとののりより》、義経《よしつね》による義仲追討の戦、承久の乱（１２２１年）の後鳥羽上皇の軍勢と鎌倉幕府軍の戦、１３３６年の足利直義《あしかがただよし》と名和長年《なわながとし》、千種忠顕《ちぐさただあき》らの攻防、１５８２（天正10）年の本能寺の変後の明智光秀《あけちみつひで》と山岡《やまおか》景隆《かげたか》の対立と数多くの動乱の舞台となったのが瀬田橋や宇治橋の地であった。

瀬田橋の位置

現在まで続く各地の古い橋は、橋名は引き継いではいるが架橋地点は時代によって変わっていることが多い。瀬田橋の位置についても、当初からの渡し舟が通っていた場所に橋が架けられたのではないようである。

古代から続く瀬田橋が本格的な橋として整備されたのは、織田信長によるもので1575（天正3）年とされている。信長公記には、瀬田橋の橋長は180間（約327メートル）、幅員4間（約7メートル）とあり、両岸を一気に架けわたす橋であった。これに対し、1797（寛政9）年に出版された『東海道名所図会』では、「小橋23間（約42メートル）、大橋96間（約175メートル）」と2橋となっており、図には川中の小島が描かれているように、信長の架けた場所とは異なっている。

『明治工業史　土木編』では、江戸時代以前の瀬田橋の位置は、現在では、東海道新幹線や名神高速道路が瀬田川を越える場所より少し下流側の石山寺の付近ではないかと推測している。現在の橋の位置よりも、600メートルほど下流である。

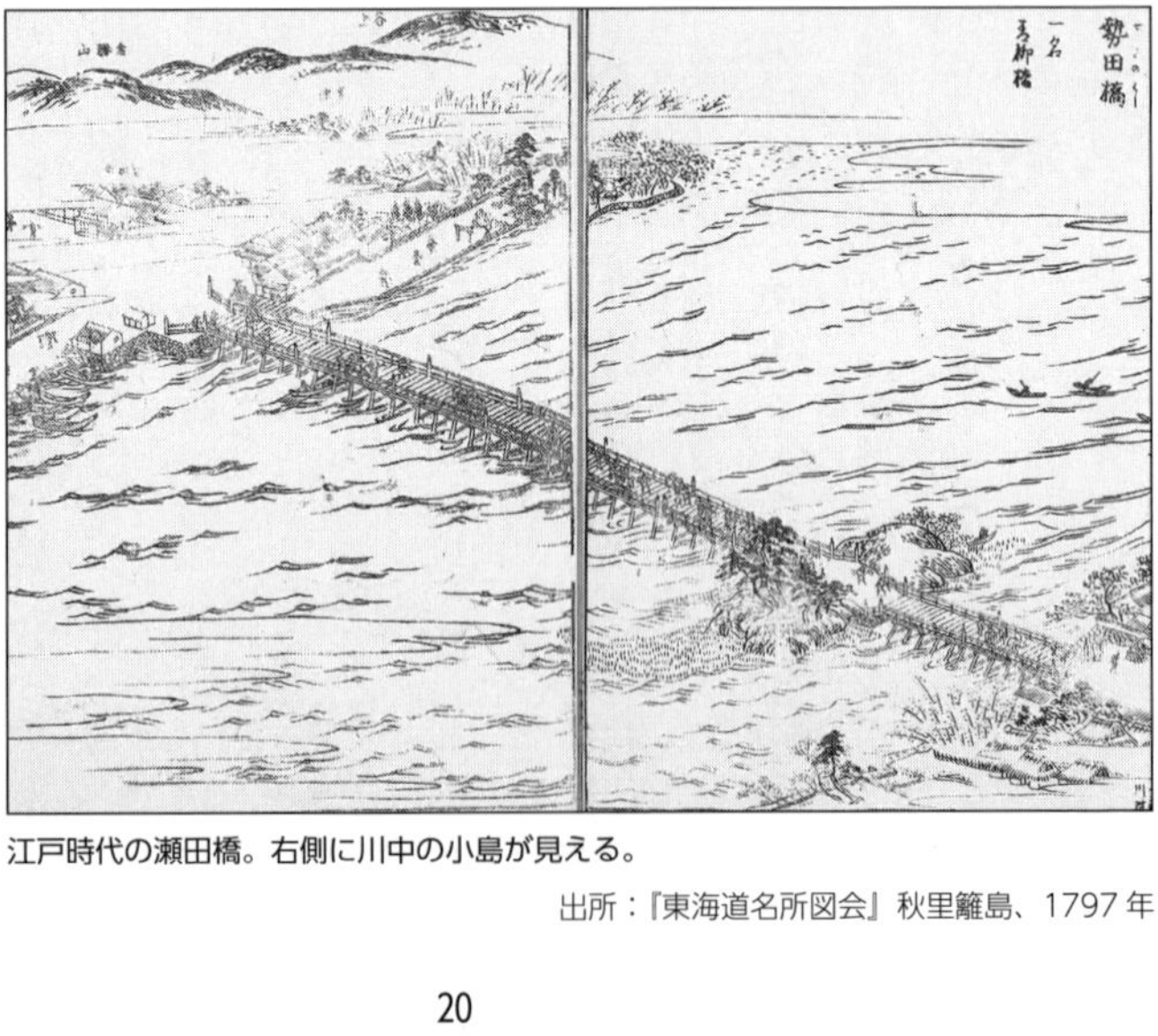

江戸時代の瀬田橋。右側に川中の小島が見える。

出所：『東海道名所図会』秋里籬島、1797年

瀬田橋の架け替え

織田信長の天正の架橋以後、瀬田橋の架け替えの年月は、擬宝珠《ぎぼし》に彫り付けられて記録されている。橋の擬宝珠は、木造の橋桁《はしげた》や橋脚が新たなもので架け替えられても、代々引き継がれるため、履歴が刻まれた橋歴板の役割となっていた。

瀬田橋の架け替え年の記録では、短いもので5年、長くて47年未満、平均で19年ほどとなっている。今日の橋の寿命からするといかにも短命である。しかし、短命であることを克服するために長寿命の工夫をするという受け取り方よりも、時間とともに進む損耗、劣化や、時として襲う地震、洪水、台風などの自然の猛

織田信長の架設以後瀬田橋の架け替え（『明治工業史　土木編』の記述を元に作表）

西暦（和暦）	架け替え	架け替え間隔（年）
1575（天正3）年	織田信長の命で架け替え。	―
1583（天正11）年	本能寺の変の翌年、豊臣秀吉の命で架け替え。	8
1630（寛永7）年	江戸時代は幕府管理で実務は膳所城主に禄高1万石をもってあたらせた。	47
1661（寛文元）年		31
1677（延宝5）年		16
1682（天和2）年		5
1694（元禄7）年		12
1727（享保12）年		33
1741（寛保元）年		14
1772（明和9）年		31
1793（寛政5）年		21
1804（文化元）年		11
1815（文化12）年		11
1830（文政13）年		15
1847（弘化4）年		17
1861（文久元）年		14
1875（明治8）年	明治政府が建設。	14
1895（明治28）年		20
	平均（年）	18.8

威による橋の損傷、損壊は抗うことができずに受け入れるべきものであるという認識が強かった。これは、家屋の襖や障子、檜皮葺《ひわだぶ》きの屋根、濡れ縁の板と同様に、橋も一定の時間が経過すれば、新しいものに置き換えるという意識と共通する。

古くからの橋をはじめとするインフラ施設の寿命の短命さ、すなわち、形のあるモノは常に変化するという意識は、今日までつながる日本人の社会基盤施設の寿命の長さに対する認識に大きな影響を与えてきた。

●東海道の古橋

東海道は、明治以前には京都を出て、大津から琵琶湖の南を抜け、草津から鈴鹿を越えて桑名に向かう。ここから東は、尾張の熱田まで海上ルートをとる。七里の渡しである。迂回路として遠回りであるが木曽川を舟で上り、陸路熱田に至るルートもあった。

東海道は大河川等が多く、浜名湖、天竜川、大井川、安倍川、富士川は、中世から江戸時代まで、渡し舟や徒渡しによっており、橋の架設は明治になってからである。橋を架けることは、橋桁を造る構造技術だけでなく、毎年流路が変わる川筋を固定する治水の技術と一体となって初めて可能となる。

これらの東海道の河川の中でも、江戸時代以前から矢作《やはぎ》川、浜名川、吉田川（豊川）、六郷川には東海道四大橋と呼ばれる橋が架けられた。矢作橋は、現在の愛知県岡崎市で矢作川に架けられ、吉田大橋は、豊橋市の豊川をわたる場所に架けられた。浜名橋は、静岡県の湖西市新居町付近で浜名川をわたる橋であった。そして六郷橋は、多摩川をわたる場所に架かっていた。しかし継続的に橋があったわけではなく、江戸時代には浜名川、六郷川にはすでに橋はなかった。

矢作橋

矢作橋は岡崎市の矢作川に1601（慶長6）年に架けられた。長さは200メートルを優に超える江戸期には最大級の長大橋であった。現在の矢作橋は東海道に架かっていた橋よりも少し南側に位置する。

浜名橋

浜名橋の創建は、平安初期の歴史書の『三代実録』によると、862（貞観4）年と古い。

江戸時代の矢作橋（歌川広重『東海道五十三次之内 岡崎 矢矧之橋《やはぎのはし》』）。東海道四大橋のひとつ。
国立国会図書館所蔵

当時は、浜名湖が現在のように海とつながっておらず、湖から浜名川が流れ出て、遠州灘に注いでいた。東海道は、湖の南で浜名川を越えるルートであった。この橋が浜名橋で、幅員は4メートル程度、長さは150メートルを優に超える規模の橋であった。貞観の創建以後、何度も架け替えが行われたが、15世紀末に東海地方を襲った明応東海地震の津波によって周囲の地形が変わり、湖が海に通じると、これ以後橋は渡し舟に代わった。再び橋が建設されたのは、明治に入ってからである。現在では、新幹線の車窓から遠望できる浜名湖の海沿を通る浜名バイパスに、全長632メートル、最大スパン*240メートルのコンクリート箱桁橋*が架かっている。

吉田大橋

吉田大橋は、三河三州吉田宿の記録では「元亀元年、関屋之渡口始メテ土橋ヲ架ス」とあるように、1570（元亀元）年に徳川家康の家臣酒井忠次によって、吉田川（豊川）に架けられた。土《ど》橋《ばし》として架けられ、その後1591（天正19）年の架け替えで少し下流側に木造橋として架設された。この橋も長さは200メートルを越える長大橋であり、江戸時代には、幕府の管理する公儀橋であった。

六郷橋

六郷橋の創建は、1600（慶長5）年で、徳川家康の命により架設された。六郷橋は、何回も架け直されて１６８８（元禄元）年の洪水で流失するまで利用されたが、これ以後、１８６８（明治元）年に東京遷都で明治天皇の渡御《とぎょ》の際に23隻による舟橋が架けられるまで、２００年近くにわたり、再建されることなく渡し舟が使われてきた。

　現在の六郷橋には舟橋をわたる明治天皇の行列を描いたレリーフのついた明治天皇六郷渡御碑が建てられている。六郷橋は、東海道四大橋であるとともに、江戸の三大橋のひとつでもあり、長さはおよそ２００メートルで、幅員８メートルの堂々たる橋であった。橋の流失以後、渡し舟の運営は川崎宿に任されたことから投宿客の落とす金とともに宿場町の重要な収入であった。

　六郷橋は、明治に入り１８７４（明治７）年に木造橋が建設されたが数年で流失し、その後

用語解説……**スパン**●支点で支えられた区間、あるいはその区間の長さ。
コンクリート箱桁橋●桁の断面形状が箱形のコンクリート製の橋。コンクリートボックス桁ともいう。

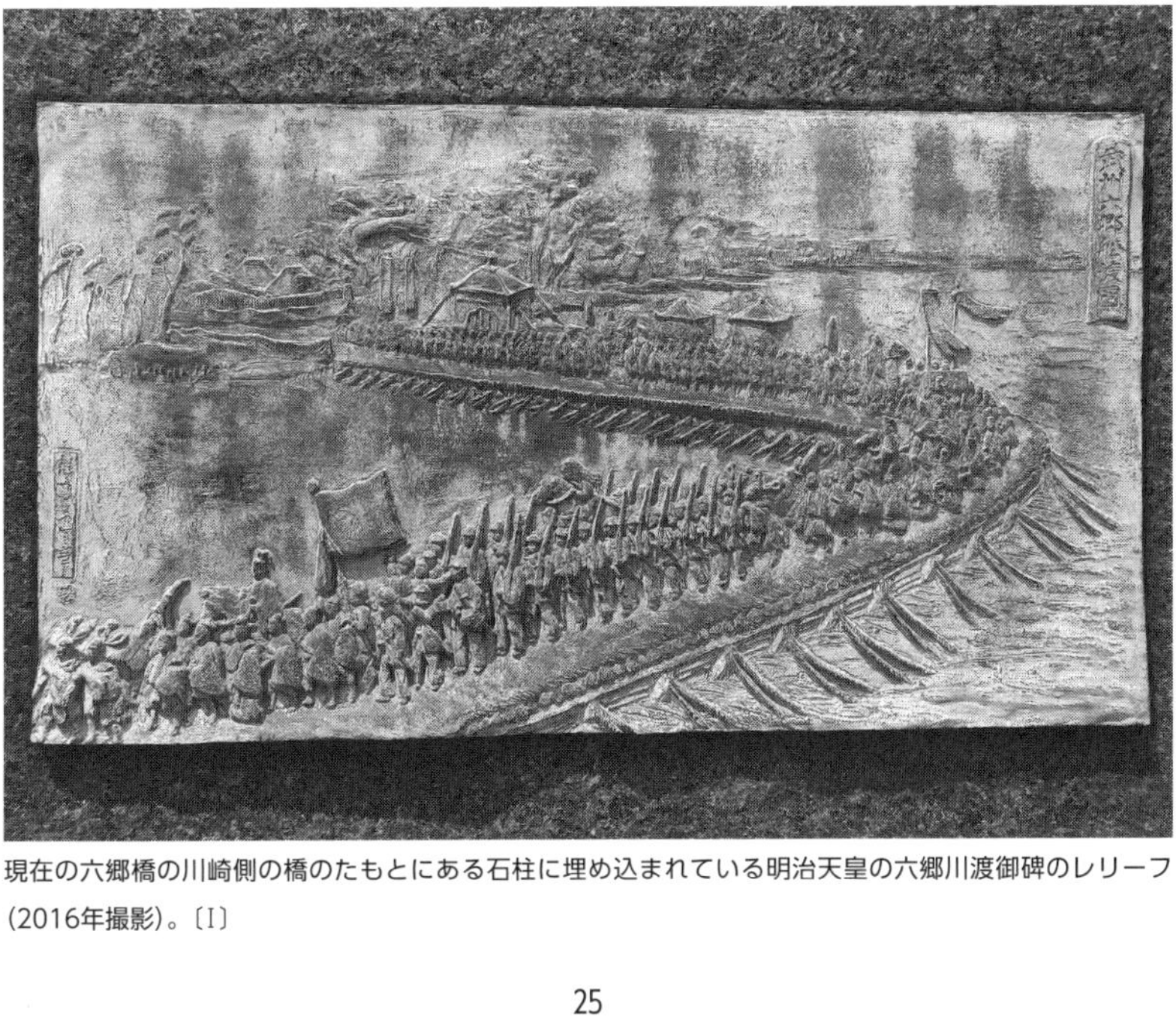

現在の六郷橋の川崎側の橋のたもとにある石柱に埋め込まれている明治天皇の六郷川渡御碑のレリーフ（2016年撮影）。〔I〕

も再建されては損傷を受け、応急的な仮橋が架けられて交通を確保する状態が大正初年まで続いた。本格的な橋の架設は大正末年のことであった。アメリカの橋梁会社で設計実務を経験して帰国後、設計会社を設立した増《ます》田《だ》淳《じゅん》の設計によってタイドアーチ*、および鋼プレートガーダー*が1925（大正14）年に建設された。現在の橋はこの鋼アーチを1987（昭和62）年に架け替えた連続箱桁橋*である。

●京都鴨川の三大橋

京都市中は大阪とともに、古くから都があっただけに、歴史のある橋は数多い。これらの古橋で、特に有名なものとして鴨川に架かる三条大橋、四条大橋、五条大橋の三橋がある。この三橋は、同じ川のすぐ近くに架かるが、それぞれ異なる性格をもった橋である。

三条大橋

三条大橋の創建の時期は、応仁の乱以前にも石造《せきぞう》の橋があったといわれているが明確ではない。今日につながる橋となったのは戦国の世も終わりつつあった16世紀末のことである。戦乱が収まりつつ

現在の六郷橋（2016年撮影）。〔I〕

あったこの時期以後は、全国的にもインフラ整備が進み、橋の建設が行われはじめた時期である。

三条大橋は、天下平定の最後に小田原の北条氏を攻める出陣のために、豊臣秀吉の命で１５９０（天正18）年1月に竣功し、この施工法が『明治以前日本土木史』に示されている。これによれば、三条大橋は「石柱木造欄干擬宝珠附の橋」とあり石造橋である。まず川底を約9メートルにわたって掘削し一辺が30センチメートルのヒノキ角材を水底に筏状に組み、その上に石材を敷き並べて基礎を構築した。基礎の上に円形断面の石柱66本を建て、湾曲した石造の梁《はり》を架けわたしたとある。欄干は木製で、18個の青銅製の擬宝珠がつけられた。現在の橋の木製高欄《こうらん》には、当時の擬宝珠が残っている。

東海道の東の起点の日本

三条大橋（御大礼記念、1928年11月）。　提供：土木学会附属土木図書館

現在の三条大橋。1950年に建設された鉄筋コンクリート橋。木製の高欄には、1590年以来の擬宝珠が残る（2016年撮影）。〔I〕

用語解説……**タイドアーチ**●アーチの両側の支点を連結材（タイ）で結ぶことで、支点の水平移動を拘束したアーチ橋の形式。
プレートガーダー●桁の断面形状がI形をした橋の構造形式で比較的小規模な橋に採用される形式。
連続箱桁橋●3つ以上の支点で支持され、複数のスパンにわたり連続する箱桁橋。

橋に対し西の起点となるこの橋は、幕府管理の公儀橋で、維持管理は、18世紀以来幕府御用達として三井家が代々あたってきた。三条大橋は、江戸以後、鴨川の度重なる洪水によって流失、半壊が続き、幕末まで10回近く架け替えが行われてきた。京の市外から多くの人が通る三条大橋には、西詰北側には高札が立てられた。付近の三条河原では、豊臣秀次、石田光成、近藤勇らが処刑や晒首《さらし》にされた。三条大橋付近は、江戸時代には宿屋が多かったというが、今日でもこの界隈は京都のなかでもホテルが多い。

四条大橋

四条大橋の架橋は、1142（康治元）年に、祇園感神院《ぎおんかんしんいん》（八坂神社）への参拝者の寄進によって架けられた橋が最初とされている。7月の祇園祭で3基の神輿が渡御する橋であり、流失や損傷などの架け替え、修理の費用は、僧侶、信者の寄付金で賄われる民間の橋であった。16世紀末には、建仁寺、東福寺の勧進で修理をしたが、それ以後江戸時代に入ると資金難によって常設の橋の維持が難しく、水勢に応じて小板をわたす仮橋となった。神輿の渡御には、祭のときのみ別に橋を架けわたし、終了すると撤去するといった有様であった。

橋が再建されたのは1857（安政4）年で、京都の富豪、祇園氏子、各町が連合し資金を調達して石柱42本を橋脚とする長さ90メートル、幅員5・4メートルの橋が建設された。その後1874（明治7）年には錬鉄、1913（大正2）年に鉄筋コンクリートアーチに架け替えられ

1913（大正２）年に同時に開通した四条大橋（上）と七条大橋（左）は、同じコンクリートアーチの設計であった。

提供：土木学会附属土木図書館

現在の四条大橋。1942（昭和17）年に建設され、1965（昭和40）年に高欄部分が新設された（2016年撮影）。〔I〕

た。現在の橋は、1942(昭和17)年に架設されたプレートガーダーである。

五条大橋

五条大橋は、もともと現在の五条通よりも1本北にある松原通に架けられた橋であった。松原通は、平安京の五条大路に当たる通りで、鴨川をわたって東へ向かうと清水坂を経て、清水寺へ通じる参詣路である。このため、五条大橋は清水寺橋とも呼ばれ、清水寺の僧侶が架橋の費用を勧進して架設した勧進橋であった。

橋の位置が現在の場所となったのは、1590(天正18)年に、豊臣秀吉が現在の五条通である六条坊門に移設をしたときからである。

江戸時代に入り1645(正保2)年に、近江八幡の観音寺の勧進による橋長130メートル、幅7・5メートルの橋への架け替えを最後に、五条大橋は勧進橋から幕府の管理する公儀橋となった。

弁慶と牛若丸の有名な橋上の闘いは、もとの五条大橋の橋上、すなわち現在の松原通が鴨川を越える松原橋の上で繰り広げられた話である。弁慶が刀狩りの祈願で詣でたとされる五條天神は、鴨川の西の松原通沿いで当時の五条大橋の近くである。

現在の五条大橋は1959(昭和34)年に拡幅工事にともなって架け替えられた鋼プレートガーダーである。橋の高欄の擬宝珠はもとの形のものが16個左右に取り付けられている。

五条大橋全景（撮影時期不詳）。　　　提供：土木学会附属土木図書館

五条大橋の擬宝珠付き高欄（撮影時期不詳）。
提供：土木学会附属土木図書館

現在の五条大橋（左）と擬宝珠付き高欄（右）（2016年撮影）。〔I〕

江戸の橋

伝統橋のイメージ

日本の伝統的な橋の形というと、江戸時代の浮世絵で描かれたやや上反りした橋桁《はしげた》が、川の中に建てられた何本もの橋脚で支持された木造の橋を思い浮かべる。時代劇に出てくる橋である。人が通行する路面も木製で、格の高い橋の場合は両側の高《こう》欄《らん》は神社の廻縁の手摺りと同じように、支柱の頭の部分には、擬《ぎ》宝《ぼ》珠《し》と呼ばれるネギの花の形の飾りがついている。神社の橋などは朱色に塗られたものもあるが、一般の橋はほとんどが、白木のままである。

日本橋の実物大模型

東京の江戸東京博物館には、全長51メートルの日本橋の北側の半分が実物大模型として展示されており、江戸時代の町人になった気分で橋をわたることができる。この模型の再現にあ

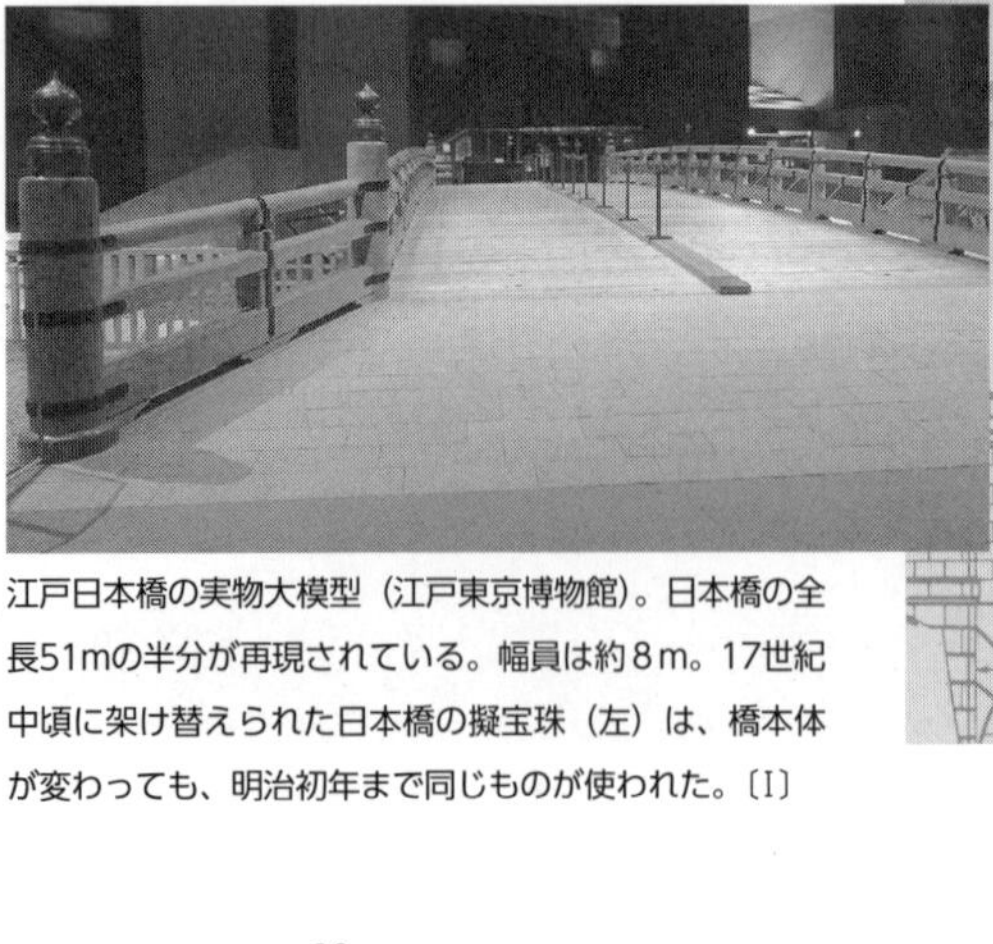

江戸日本橋の実物大模型（江戸東京博物館）。日本橋の全長51mの半分が再現されている。幅員は約8m。17世紀中頃に架け替えられた日本橋の擬宝珠（左）は、橋本体が変わっても、明治初年まで同じものが使われた。〔I〕

たっては1606（慶長11）年と1629（寛永6）年の改築記録や絵画をもとにしたと説明がある。実際にわたってみると、遠くから描かれた浮世絵からの印象よりも、ずっと反りが少なく、同時にがっしりした質量感を受けるのは意外であった。現尺ではないが両国橋の部分の精巧な模型も展示されており、伝統的な木造橋のイメージがよくわかる。

江戸時代の橋は、日本橋のような重要な橋であっても、火災による焼失、あるいは洪水による損壊や、白木造であるために劣化も早く、今日からでは想像できないほど頻繁に架け替えや、修理が行われていたようである。日本橋の場合、1603（慶長8）年の創架から、1872（明治5）年に西洋式の木造橋に架け替えられるまでの間、火事による焼失や、洪水による流出がそれぞれ10回以上もあり、これ以外に経年による劣化、腐食の修理などを考慮すると10年程度のサイクルで常に更新が行われ、そのつど部分的な変更や相違があった可能性がある。変わらず同一のものが引き継がれたものは、高欄の擬宝珠くらいであった。

天保の改革前の両国橋。隅田川の右岸側付近の橋の模型（江戸東京博物館）。〔I〕

幕府資料『堤防橋梁《きょうりょう》積方大概』

ところで、江戸時代の木造橋を伝える資料として、1871（明治4）年に発行された『堤防橋梁積方大概』という資料がある。内務省土木寮から発行されたもので、いわば橋に関する旧幕府から新政府への引き継ぎの橋の技術資料であろうか。江戸幕府が架けてきた橋の種類ごとに、構造の図と、使われた材料の説明がある。橋の種類としては、水道橋である掛樋《かけひ》、土橋《どばし》、高欄附板橋《いたばし》、刎橋《はねばし》が示されている。

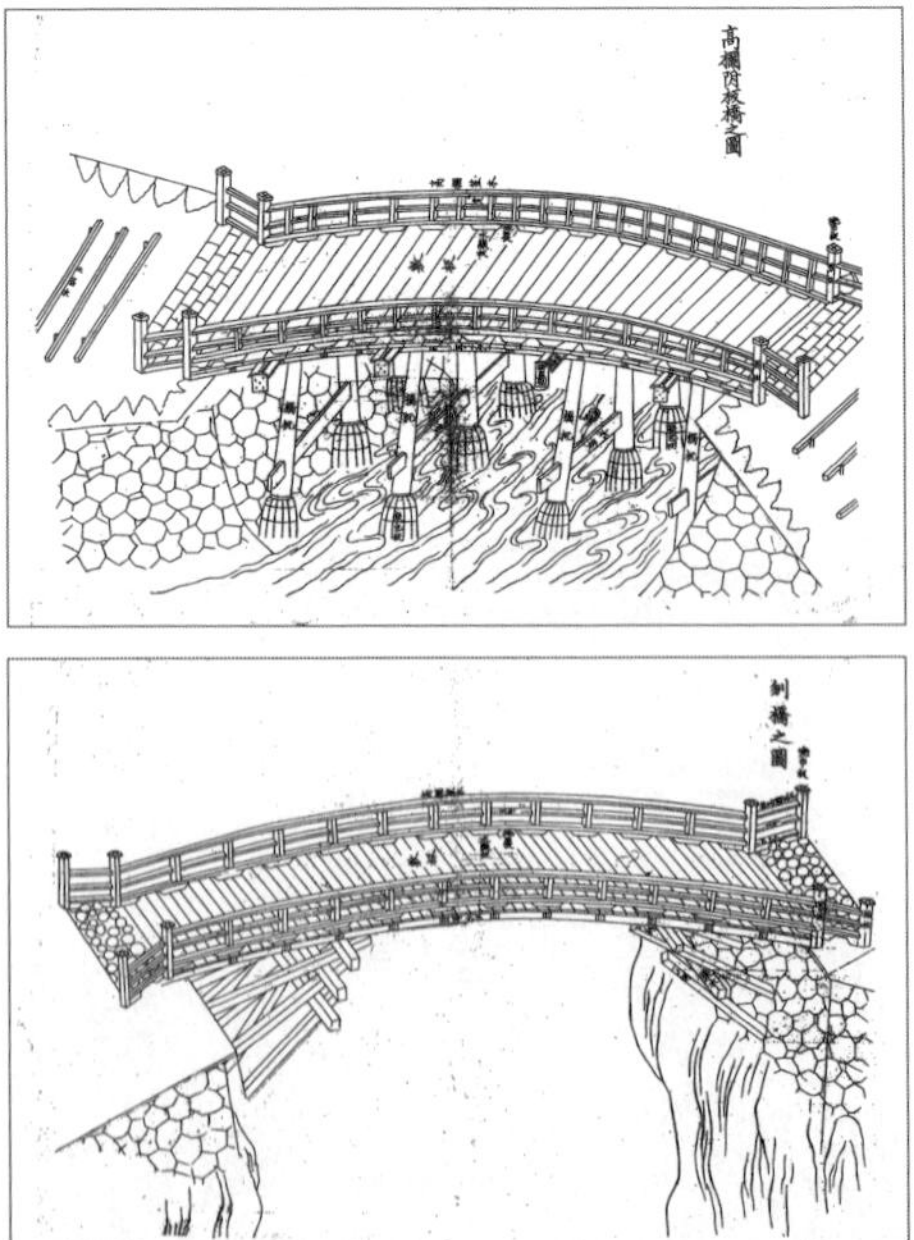

高欄附板橋の図（上）と刎橋の図（下）。

出所：『堤防橋梁積方大概』土木寮、1871年

最も多く架設されてきたのが、高欄附板橋で、木の柱を川底に揺り込んで建てた橋脚の上に梁《はり》が架けわたされて、その上を人が通行する床板《ゆかいた》が張られたものである。

柱は、梁がもちこたえられるおよそ3～5メートル程度の間隔で設けられるので、長い橋の場合は、橋脚の柱が林立することになる。上部工の梁の上に床板を張りわたして、両側に手摺りを取り付ければでき上がりである。土橋も路面に土が敷かれているが、構造的には同じである。この形式は、1000年以上も変わることなく日本列島で架け続けられてきた。これが江戸時代の橋のイメージの基本となっている。

日本三奇橋

刎橋――越中の愛本橋、甲斐の猿《さる》橋

江戸時代の橋で、形が珍しい橋としてあげられるのが、日本三奇橋と呼ばれた越中の愛本橋、甲斐の猿橋、そして岩国の錦帯橋《きんたいきょう》である。愛本橋は、１６６２（寛文２）年に架けられた橋で、刎橋

1889～1890年頃の越中の愛本橋。　提供：富山県

愛本橋模型（金沢工業大学）。両岸から張り出した刎木の上には、清水寺の舞台と同じように懸造《かけづくり》と呼ばれる櫓《やぐら》が組み上げられ路面が支えられている。〔I〕

甲斐の猿橋。現在の猿橋は1983（昭和58）年に架け替えられた。両岸に埋め込まれた４段の張出梁の上に桁が架けわたされている（→P211）（2016年撮影）。〔I〕

といわれる形式である。両岸に埋め込まれた木材を谷の中央に向けて張り出し、その上に梁を架けわたした構造となっている。両岸から梁を架けわたすよりも、岸から張り出された刎木で途中を支えることで、より長い橋を架けわたすことができる。甲斐の猿橋もほぼ同じ構造であるが、愛本橋の方は、清水寺の舞台と同じように、刎木の上に組み上げられた懸造《かけづくり》と呼ばれる櫓《やぐら》で路面を支えている（➡P210～211）。

刎橋は、谷間のような桁下に空間のある場所で多く架けられてきた形式で、一説ではその起源は、ネパールやチベットの山岳地帯といわれ、古くから架けられ、現在も一般の橋として採用されているそうである。

木造アーチ――錦帯橋

三奇橋の中で、岩国の錦帯橋は国内では珍しい木造アーチである。中央の3連はスパン35・1メートルのアーチで、その両側にそれぞれ長さ34・8メートルの木造桁橋各1連の合計5連の全長140メートル余りの橋である。アーチはスパン中央で、約5・2メートルのライズ*がついている。この錦帯橋は、長崎に最初の石造《せきぞう》アーチが建設された少しあとの1673（延宝元）年に建設されて以来、何度も架け替えが行われてきた。最後の架け替えは、2003（平成15）年に行われた。

錦帯橋も、長崎の石造アーチ群と同じく、17世紀後半に、中国の影響によって建設された。この橋は見た通りアーチであるが、詳しく見ると、両方の石積みの橋脚に差し込まれて何段にも重ねられた梁を継ぎながら、橋の中央に向けて徐々に張り出している様子がわかる。アーチは、両側の橋脚から張り出してきた梁をつないででき上がっている。日光二荒山《ふたらさん》の神橋《しんきょう》は、岸近くに橋脚がある桁橋であるが、刎橋と同じように、両岸に桁が埋め込まれた構造となっている。

用語解説……ライズ●アーチの頂部から支点相互を結ぶ線までの距離。アーチの高さ(反りの大きさ)を示す。

平成の架け替え後の錦帯橋。中央の３連がアーチで、その両端に桁橋の全体で５連、全長140m余り(2003年撮影)。〔I〕

橋事情余話

世界遺産の刎橋《はねばし》「フォース鉄道橋」

刎橋と呼ばれる越中の愛本橋や甲斐の猿《さる》橋と同じ構造原理を採用して架けられた橋がイギリスにある。19世紀末にスコットランドで建設されたフォース鉄道橋は、建設誌によれば、形式選定で東洋起源のカンチレバー（刎橋）を採用したとある（→P53）。完成は1889年である。

ブリテン島の河川は、河口付近で川幅が大きく広がり大きな入江を形作っている。エジンバラの北郊にあるこのフォース鉄道橋も、海沿いを走る鉄道が入江を横断するために建設された。全長1609メートルの巨大な橋で、19世紀末の建設当時から普及がはじまった鋼材を全面的に使用した世界で最初期の鋼橋である。

フォース鉄道橋の場合、入江に強固な塔状の橋脚を立てて、ここから桁を張り出して先端同志をつなぐ桁を架けわたしている。建設当時、このカ

フォース鉄道橋の人間模型（1880年代半ば頃）。中央に座るのが日本人技術者の渡邊嘉一《わたなべかいち》。

出所：W. Westhofen. *The Forth Bridge*, London, Offices of “Engineering”, 1890.

ンチレバー構造を一般の人々に説明するために人間模型によるデモンストレーションが行われた。カンチレバーが東洋に起源をもつことを想起させるためか、荷重の役割として中央に座っているのが日本人技術者の渡邊嘉一《わたなべかいち》である。

明治初年以後、スコットランドには継続的に工学分野の留学生が派遣されていた。渡邊嘉一はフォース鉄道橋の建設が進む1880年代にちょうどグラスゴー大学に留学しており、橋の建設現場でも実地の訓練を受けていた。渡邊嘉一は帰国後、石川島造船所やその他多くの鉄道関連企業の社長を務めることになる人物

スコットランド銀行発券の20ポンド紙幣。フォース鉄道橋の全景と人間模型がのっている。

である。

フォース鉄道橋は、スコットランドのシンボルとしてその全景と人間模型のデモンストレーションの写真が、スコットランド銀行発券の20ポンド紙幣にのっている。

フォース鉄道橋は、傑出した普遍的価値をもつ土木遺産として評価を受けて2015年に世界遺産に登録された。

晩年の渡邊嘉一（1858〜1932年）。

架設中のフォース鉄道橋。渡邊嘉一が現地にいた頃の架設状況。　提供：R.Paxton.

日本橋。現在の石造《せきぞう》アーチは、明治に入り二代目の橋である。〔I〕

2 在来種と外来種

日本の橋は古来より、もっぱら木材を主材料とする木造橋が中心であった。この中でも、神社や庭園で見られる柱・梁《はり》構造で支えられた大きな反りのついた太鼓橋とも呼ばれる反橋《そりばし》は、日本独特の在来種の橋である。

これに対して、石造《せきぞう》アーチ橋は、江戸初期になって初めて、中国からの帰化人によって長崎で架けられた外来種の橋である。メソポタミアに起源をもつ石造アーチは、ヨーロッパ、中国で、すでに１５００年以上にわたって架けられてきたが、この間、日本ではまったく架けられることはなかった。長崎上陸後、石造アーチは、九州全域に分布するようになるが、明治になって、ヨーロッパからも石造アーチ工法が移入されると、改めて先進技術として九州以外でも架けられるようになった。

日本の橋は、ほかの文物と同様に、古代より海外からの知識を選択的に受容することで発展を遂げてきた。広く普及した木造橋に対し、日本人にとって基礎や石垣を除けば異質であった石造アーチの受け入れ方には、日本の非石造・木造文化の特徴の一端が表れている。

ここでは、神社の反橋をその由来と構造から探り、次いで、古代ローマの石造アーチの成り立ちと、日本人の受容について見ていく。

反橋《そりばし》

反橋とは？

伝統的な橋の中で、円弧状に反った形から、反橋とか太鼓橋と呼ばれる橋がある。神社の橋としてよく見かける種類の橋で、擬宝珠《ぎぼし》のついた朱塗りの高欄《こうらん》がついている。アーチ形をしているが力学的にはアーチではなく、梁《はり》構造の仲間に入る。円弧状の桁を支える橋脚は、水平方向にも貫材が組まれた櫓《やぐら》状の柱・梁構造となっているが、小規模な橋では、柱状のものもある。材料は、床板《ゆかいた》、桁とそれを支える柱・梁構造まで木造のものが多いが、高欄、床板、柱に石材が使われたものや、桁や柱・梁構造が鉄筋コンクリート造となっているものもある。

反橋は、反りがきついと一般の人が日常的に通行するのには不適であり、ほとんどが神社や庭園の中に架かっている。アーチ形の桁とそれを支える懸造《かけづくり》の橋脚の組み合わせよりなる反橋は、世界的にもあまり例のない日本の在来種の橋といえる。

厳島《いつくしま》神社の反橋

広島県、安芸《あき》の宮島にある厳島神社は、周囲の環境と一体となった大鳥居をはじめとする神社建造物群で有名であるが、社殿、回廊、能舞台とともに、陸側から社殿へ通じる回廊へわたるための

厳島神社の反橋。擬宝珠付きの高欄のある桁が、黒塗りの柱・梁構造の橋脚で支えられている。橋脚の貫材も円弧状となっている。〔I〕

反橋も、重要な構成要素となっている。

この橋は、その役割から勅使橋《ちょくしばし》とも呼ばれ、鎮座《ちんざ》祭《さい》などの重要な祭事の際に、勅使がこの反橋をわたって、回廊から本社殿に入るときに使われる橋とされてきた。反りがきつくこのままでは、滑ってしまうので、橋を使うときは、梯子状の階段が床板に沿って架けられた。長さ26・7メートル、幅4・3メートルで、擬宝珠付きの高欄がついている反った桁を支えるのは、木造の柱・梁構造である。高欄は朱塗りで、それ以外の桁、橋脚は黒色となっている。

厳島神社は、6世紀末に推古天皇の命により、佐《さ》伯鞍職《えきのくらもと》により創建されたとされている。平清盛が安芸守《あきもり》に任命された12世紀中頃に、社殿全体が、寝殿造で建設された。13世紀に入りたびたび火災にあったが、14世紀にほぼ今日につながる形となった。

現在の厳島神社は、毛利元就が厳島神社の合戦で大内氏を打ち破って宮島を支配下においた後に建設されたもので、1557（弘治3）年に再建され、反橋はこのときに建設された。

厳島神社の社殿や回廊などのほとんどの部分は、国宝や重要文化財に指定されているが、この反橋は、能舞台とともに重要文化財となっている。厳島神社は、世界遺産にも指定されているが、その指定範囲は、神社建造物群全体と、前面の海および背後の原始林まで含まれる。

住吉大社の反橋

住吉大社の歴史は古く3世紀の神功皇后まで遡る。全国2000社にも上る住吉神社の総本宮である。反橋は、大阪南部の路面電車の阪堺《はんかい》線の住吉鳥居前駅を降りて鳥居をくぐると、池を越えて本殿へ入る正面に位置する。長さは約20メートルあり、幅は5・8メートルの太鼓橋である。桁の形状は円弧の一部を取り出した欠円で、アーチのライズに相当

住吉大社の反橋の側面。桁の形状は円弧の一部を取り出した欠円である。〔I〕

する中央部の高さは4・4メートルある。桁は木製であるが、それを支える櫓状の橋脚の柱は石材で、鑽孔《さんこう》されたホゾ穴*に木の貫材が、橋の長さ方向・幅方向から貫通して楔《くさび》で固定されている。高欄は朱色に塗られ、橋脚の貫材は胡粉塗《ごふんぬり》で白色になっている。

この橋の創建は、16世紀末に淀殿の寄進とされているが、現在では本堂に通じるメイン通路の橋として一般参拝者に供用されている。19世紀初めに建造された国宝の住吉造の本堂4棟とは対照的に、老朽化のたびに何度も架け替えがされている。供用されている実用の橋とはいえ、反りがきつく境内にある川端康成の小説「反橋」の一節が刻まれた碑文の通り、「上るよりもおりるのが怖い」状態である。このため本殿側は、段の途中からスロープ状の仮の歩行路が架けわたされている。

住吉大社の反橋の正面。橋を越えるとすぐ本殿に至る。〔I〕

住吉大社の反橋の櫓状の橋脚。桁を受ける横梁とそれを支える柱は石造で、鑽孔されたホゾ穴に木の貫材が、橋の長さ・幅方向から貫通して楔で固定されている。石・木混合である。〔I〕

●亀戸《かめいど》天神の反橋

東京下町の亀戸天神は、17世紀半ば過ぎに、菅原道真の子孫の太宰府天満宮の神官によって天神像が奉祀されたのがはじまりとされる。当時、江戸は明暦の大火からの復興による江戸大改造の時期にあたり、両国橋や永代橋の架橋によって隅田川東側の開発が進められていた。この一環として幕府は亀戸の地に鎮守神を祀るように土地を寄進し、1662（寛文2）年、太宰府天満宮に倣い、池や反橋をはじめ社殿などが創建された。

江戸年間から明治までの反橋は、ほかの反橋と同じように橋脚で支えられていたことが歌川広重の浮世絵や、戦前の絵葉書写真からわかる。2基の橋脚が、橋の中央をやや広くとって配置されている。これに対し、現在、大小2つある反橋は、いずれも橋脚はなく、アーチ形の桁が1スパンで池を越えている。支点が水平方向の動きを拘束しているのであればアーチそのものである。

反橋は、もともと中国の水路に架かるアーチを手本としたのであるが、橋脚がないとどうも日本らしさが失せてしまってなんとも残念な形状の変更である。反橋とは、途中の橋脚で支持した太鼓橋とすれば、亀戸天神の園地にかかる現在の太鼓橋は反橋ではないことになる。

戦前（撮影時期不詳）の亀戸天神の反橋。 提供：土木学会附属土木図書館

現在の亀戸天神の反橋（2016年撮影）。〔I〕

用語解説……ホゾ穴●木工など継手で、部材の突起（臍《ホゾ》）を差し込んで連結するための穴。

なお、亀戸天神の反橋の手本となった九州の太宰府天満宮の反橋は、高欄のついた木造の桁を石造《せきぞう》の橋脚で支えている反橋である。

●鶴岡八幡宮の反橋

鎌倉市にある鶴岡八幡宮の参道の段かずらを通り三の鳥居をくぐるとすぐに源平池をわたって鶴岡八幡宮の境内に入る。この場所に反橋が架かる。この反橋は1182（寿永元）年に源平池が造営されたときに木造で建設された。現在の反橋は、関東大震災で三の鳥居とともに破壊された後に、架けなおされた震災復興の橋である。朱塗りされた木造橋時代の橋は、赤橋という名前にその名残を留めている。桁、橋脚とも鉄筋コンクリート構造で、桁の上に敷かれた床材は平石が使われ、擬宝珠つきの高欄も石造である。この反橋は、かつては一般の参拝者に開放されていた。しかし、現在では、両側に平橋《ひらばし》が架かっていることや、床材の表面が摩耗して滑ることから通行が禁止されている。

鶴岡八幡宮の反橋。源平池を越える場所に架かる。通行止めで一般参拝者は両脇の平橋を使用している。〔I〕

鶴岡八幡宮の反橋。懸造を模した鉄筋コンクリート造の柱・梁（桁）構造の上に石造の床板、高欄がのる。〔I〕

浄土庭園の反橋

浄土庭園とは、仏教の浄土思想の影響を受けて作庭された庭園である。浄土思想とは阿弥陀仏《あみだぶつ》の浄土とされている極楽への往生を説くもので、この極楽を現世で表すものがこの庭園である。平安時代以降に築造され、金堂や仏堂をはじめとした寺院建築物の前に園池が設けられた配置を特徴としている。この園地に、平橋とともに、反橋が架けられている。

平等院

浄土式庭園で最も有名なのが、世界遺産に指定されている京都、宇治の平等院である。京都南部の宇治は、平安時代の公家の別荘を建てた場所で、平等院ももとは藤原道長の子の関白・藤原頼通が1052（永承7）年に別荘を寺院としたのがはじまりである。鳳凰堂《ほうおうどう》は、阿弥陀堂と

平等院鳳凰堂の反橋。北翼廊《よくろう》と中洲をつなぐ。浅い反りの桁を横梁に２本の柱の脚で支える。〔I〕

平等院北翼廊から中洲を介して架かる反橋と平橋。〔I〕

して1053（天喜元）年に建立され、その後南北朝の争乱では、ほとんどが焼失した中で、この鳳凰堂のみが焼け残った。

東面する鳳凰堂の右手北翼廊《よくろう》から阿字池《あじ》を越えて架かる反橋と平橋は、池の遺構発掘調査によって把握された創建当時の状況にもとづいて復元された。調査で確認された浜辺の洲を中洲として、この両側に比較的規模の小さな平橋と反橋を配置し、鳳凰堂北翼廊と池の北岸をつないでいる。反りの少ない桁は、横梁と2本の柱よりなる橋脚によって3か所で支えられている。この反りの少なさは鳳凰堂の見学者の通路となっていることへの配慮によるものと思われる。この反橋は高欄、床板を含め橋脚も木造である。

称名寺

同様の浄土庭園の反橋としては、横浜の称名寺の橋がある。反橋を含む庭園は、発掘調査の結果や、重要文化財の称名寺絵図にもとづいて復元された。阿字池は、北側の金堂と南側の仁王門を結ぶ軸線の真ん中に配置され、長さ7・2メートルの反橋と平橋は、この池の中島の両側に架けられている。

称名寺は、鎌倉幕府執権の北条氏一族の北条実時が、13世紀中ごろに建立したのがはじまりといわれている。鎌倉から朝比奈峠を隔てた東隣の六浦荘《むつらそう》に設けた隠居用別荘の敷地に、母の菩提を弔うために立てた持仏堂《じぶつどう》がもととなっている。同じ敷地には、武家の図書館であった金沢文庫も創設された。現在この場所には、中世歴史博物館の神奈川県立金沢文庫がある。

反橋が建設されたのは、寺が建立されてから50年以上たった14世紀初めになってからであり、鎌倉幕府滅亡の直前のことであった。浄土思想の影響を受けて築造された浄土庭園は、仏堂の前に池が設けられ、一体となって荘厳な雰囲気を創り出すようになっている。

朱塗りの擬宝珠付きの反橋は、3か所で横梁、貫と2本の柱で構成される橋脚で支持されている。

日光神橋《しんきょう》

神橋は、日光二荒山《ふたらさん》神社の手前の大谷川に架かる。一般には反橋といわれることもあるが、ほかの神社の反橋とは少し異な

称名寺の反橋と平橋。橋脚は横梁、貫と２本の柱で構成される。〔I〕

り、太鼓橋と呼ぶほどの反りはない。黒色に塗られた木の桁は両岸に埋め込まれて固定され、力学的には猿《さる》橋や錦帯橋《きんたいきょう》と同じく、両岸から張り出された桁の先端に桁を架けわたしたカンチレバー橋*の仲間に分類できる。石の橋脚は両岸に近い位置に配置され、石造で横梁と2本の柱の間に、2段の貫が貫通している。

戦前の日光二荒山の神橋。　提供：土木学会附属土木図書館

現在の神橋。いわゆる反橋ではなくカンチレバー橋に分類される。2か所の橋脚は石造で貫が2段入っている（2016年撮影）。〔I〕

●反橋考――「反橋」はどのように生まれたか

神社や庭園を中心に現在も作り続けられている反橋とは、そもそもどのように生まれたのであろうか。ここでは、各地の反橋や伝統的な橋を見た視点から反橋がどのように生まれたかについて考えてみる。

日本では、昔から移入された海外の文物を、そのまま踏襲するのではなく、部分的変更を加えることで、もとの物とは本質的に異なるものを生み出した例は数多い。反橋はこの橋梁《きょうりょう》版ではないかと思われる。すなわち、反橋とは、中国からの知識の移入をもととしているが、その組み合わせを変更することで生み出した日本独自の在来種の橋ではないかという推測である。

中国からの橋を移入したとの記述は、『日本書紀』の612（推古天皇20）年に、呉風《くれふう》の橋を百済からの帰化人が御所の庭に架けたとある（第1章参照）。この呉風とはどのような形式であるかは謎であるが、この呉風の橋が実は、中国で広く使われていたアーチをモデルとして、その形のみを再現したのが反橋ではないかと推測する。つまり、この「アーチもどき」がおそらくは反橋でないだろうか。

橋を架けわたす目的は、たとえば水路を越えるアーチであれば、橋の下に船を通すために、橋脚があってはならないはずである。しかし実用性よりも、アーチ状のカーブの形状を実現し、それを眺める対象であれば、桁を反らせてその形を保持するように桁下に柱を建てるということもありうる。神事の際のみに使う橋であれば、反りの勾配がきつくても、それほどの問題はない。

小石川後楽園の通天橋《つうてんきょう》は、神社の橋ではなく、谷間に架かる反橋であるが、反った桁の形を保持するために、垂直の柱と貫を通した柱・梁構造の懸造の櫓を谷間に築いて反りのある桁を支えている。反りのある桁が主役で、櫓はこれを実現する脇役である。

近代以降の橋の技術の観点からすると、橋の技術のひとつの指標は、より長いスパンを途中で支

用語解説……カンチレバー橋●張出し梁（片持ち梁）のある橋。刎橋《はねばし》。

えることなしにいかに実現するか、つまり障害物を越えるために、いかに桁下により多くの空間を確保するかということである。この観点からすると反橋とは実に奇妙にも、桁下の空間は、桁やアーチの架設中に一時的に支えるための支保工《しほこう》*のように、支持部材で埋められている。反橋の場合の支持材は仮設ではない。

ということは、反橋の場合、桁下の障害物を支えることなしに架けわたすことで桁下空間を確保するという一般の橋と狙いが異なり、反った桁の形状を作り出すことが目的であると解釈できる。

建て看板や舞台の背景の絵は、裏に回ってみると、自立するようにたくさん支持部材が取り付いている。反橋の柱・梁はこれに相当する。ただ、反橋の場合は桁といっしょに桁下の櫓風の支持構造も見えてしまうが、メインはアーチ形に反った桁であるという意識で見れば、歌舞伎や文楽の黒子同様に支持部材は気にならないということであろう。実際に高欄、桁は朱塗りであるのに対し、桁、支持構造は黒色に塗られたものもある。

呉風の橋の「呉」とは、3世紀頃に、中国南部の南京付近を首都として長江流域を領土とした三国時代の王朝国家である。長江下流域の平地には、舟が行き来する水路が発達し、その水路には、舟の航行の桁下空間を確保するために石造《せきぞう》アーチが建設された。水路上に盛り上がるように架橋されたアーチ橋の架かる平坦な地形や、アーチ橋の形状は、日本とはまったく異なる風景であったと思われる。日本との交易があった朝鮮半島の百済の人々は、中国の事情も承知しており、日本にはないアーチの形状の紹介の仲介をして日本に伝えたのが路子工《みちこのたくみ》と呼ばれる百済渡来の帰化人であったと思われる。

一方、アーチ形を再現する脇役として桁を支える櫓状の構造体であるが、建築家の太《おお》田《た》邦《くに》夫《お》氏によれば、これは、「貫《ぬき》構《こう》法《ほう》」といわれる通し柱を梁や桁、貫などの水平材を貫通させる方法で、やはり中国南部から伝わった様式だそうである。東大寺南大門がその典型で、この技法は傾斜地にも対応できる「懸造」として、清水寺の舞台のような東アジアに特有の架構をもたらしたといわれる。

反橋とは、いずれも中国南部から伝来したこの両者を組み合わせることで、桁下空間を確保するという橋の本来の目的を捨てて、アーチ形の反った桁形状を貫構法で支えることで実現した日本独特の橋の形式であったと推測される。

用語解説……**支保工**●橋の架設工事の途中に架設する部材を一時的に支持するための仮の支え。

小石川後楽園内の反橋・通天橋。谷間に築かれた懸造の上に反った桁がのっている。〔I〕

京都の清水寺本堂（舞台）の懸造。東アジア特有の貫構法。〔I〕

石造《せきぞう》アーチ

石造アーチは外来種

石造アーチ橋は、橋を代表するイメージのひとつである。その起源は古く、３０００年近く遡る。しかし、日本で石造アーチが造られるようになってからわずか４００年足らずに過ぎず、外来種の橋である。それ以前は日本に石造アーチはまったく存在しなかった。この石造アーチの歴史の差は、石造建築などとともに、日本の非石造文化の形成に大きく影響を与え、日本人のインフラの寿命に対する認識にも影響した。

新しい文物や知識は、太古の昔から、海路を経て西から極東の国、日本へもたらされた。仏教とともに漢字が日本列島に伝えられ、遣隋使、遣唐使の派遣によって大陸から多くの知識と技術がもたらされた。これらの中にあって、橋の中でも最も古くて長い歴史をもつ石造アーチの技術は、日本列島にどのように伝わったのだろうか。

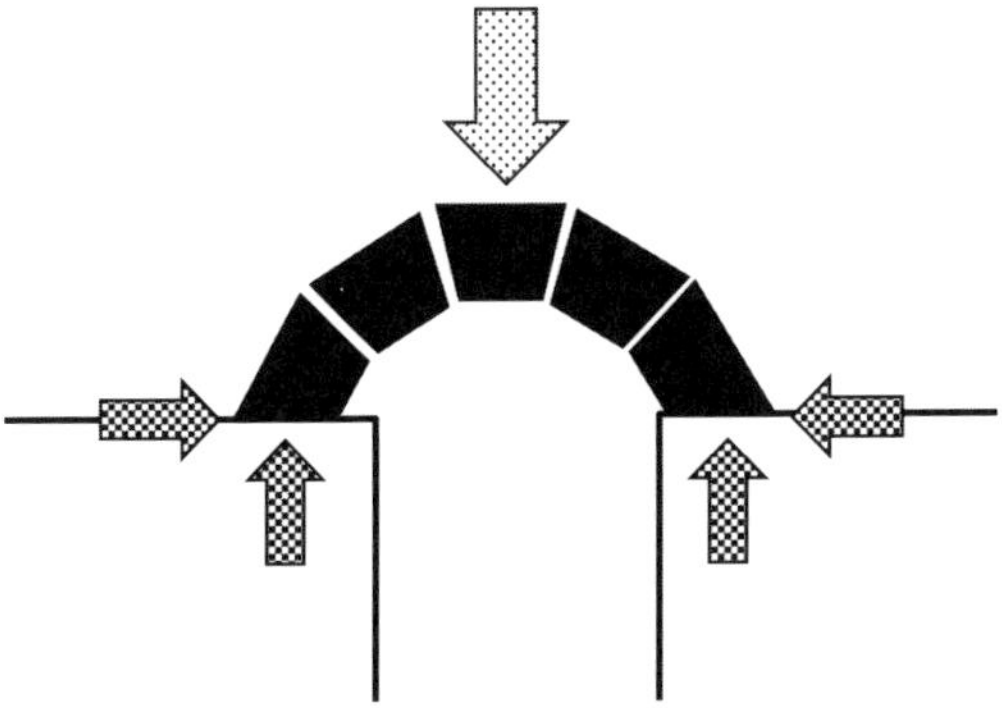

アーチの構造原理。垂直下向きの力は、アーチリブに圧縮力を発生させ、両支点で垂直方向、水平方向の力を大地に伝える。

石造アーチの起源

石造アーチは、材料が丈夫であるとともに、造りが堅牢で長持ちのする耐久性が高い橋の形式である。もっとも古くから石造アーチが建設されたヨーロッパや中国では、1000年を超えて今も使われている橋もめずらしくない。

石造アーチの堅牢さは、その構造にもよっている。アーチは、下向きに作用する力を、アーチリブ*を圧縮する力に変換し、大地に伝達する。アーチリブを構成する石材は、圧縮力に対して強い性質をもち、自らの重さで相互に押し付け合って安定する。このしくみによって、石造アーチは、材料そのものの耐久性と相まって、ほかの橋にはない長年にわたる構造的な耐久性を発揮する。これが今なお古代ローマや、中国の古いアーチが残る理由である。

石造アーチのもうひとつの特徴は、おもちゃのレゴのように、同じサイズのレンガや石材片を組み立てることで、任意の大きさ、形の構造物を組み立てられることにある。古代ローマよりさらに1000年以上も前のメソポタミアでは、日干しレンガを使って、宮殿、寺院、階段ピラミッド型神殿、城壁が建設されたとされている。

同一の部品の繰り返しによって大きなものを創りだす発想は、日本では、屋根瓦に見られるくらいで、構造部材では例がない。今日に遺る物的な記録によって確認できるものとして、

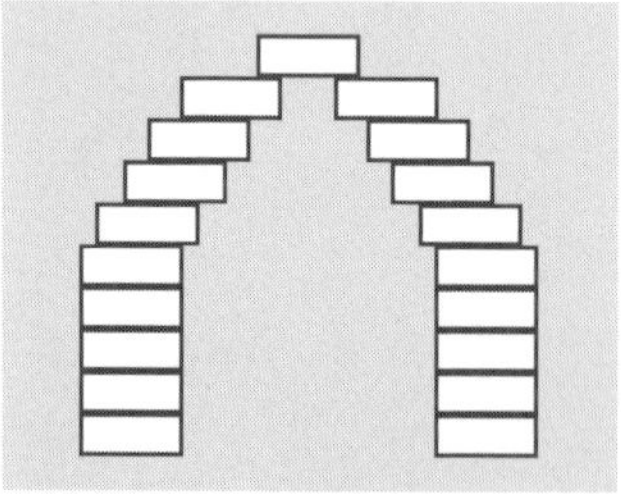

擬似アーチ（紀元前1800年頃）。レンガを少しずつずらして積み重ねたアーチの原型で、ペロポネソス半島のミケーネの円形墳墓に使われた。

城壁の開口部に、レンガを少しずつずらして積み重ねてせり出す擬似アーチとよばれる持ち送り構造がある。このアーチの原形と呼ばれる構造は、古代ギリシャでミケーネの円形墳墓に適用された。

アーチの存在が確認できるものは、19世紀半ばに発掘され、大英博物館に所蔵されているアッシリアの王宮内部の壁面レリーフがある（8世紀頃）。ここにはアッシリア王、ティグラト・ピレセル3世の兵がシリアの町を攻撃している様子がレリーフに刻まれている。兵士の両側にはアーチのある窓か入口が描かれている。

メソポタミアで生まれたアーチ技術は、西に伝播して古代ローマで大規模に建設されたが、中国においても独自の発展を遂げた。中国における最初のアーチは、前漢末期（紀元前1～2世紀）の煉瓦アーチや円筒形アーチとされている。中国における現存最古の石造アーチは、605年頃に建設された全長50・8メートルの安済橋（趙州橋）である。建設後700年以上にわたって石造アーチとしては最大の橋であった。

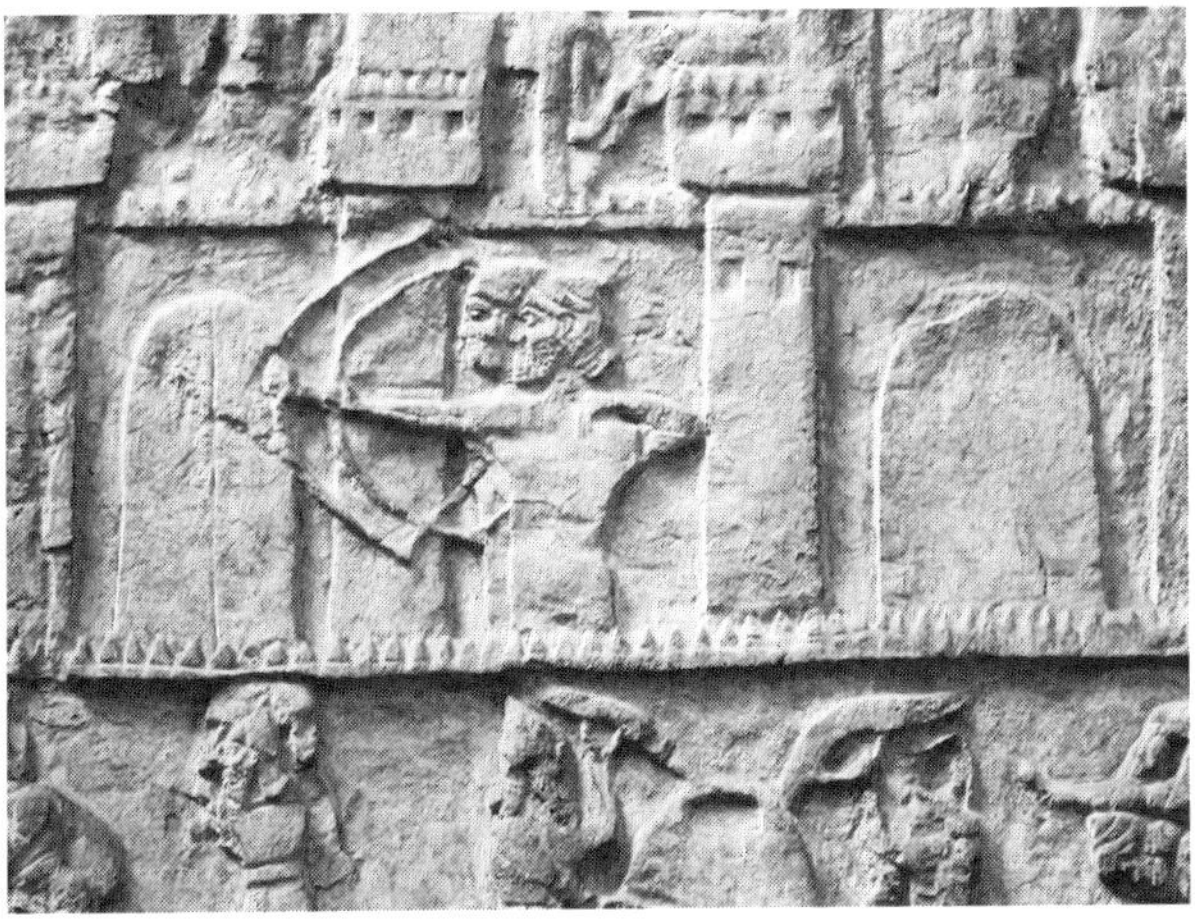
大英博物館のアッシリア王宮の壁面装飾（部分、8世紀頃）。〔I〕

用語解説……アーチリブ●曲線状のアーチ橋を構成する部材。アーチ環（リング）。

●古代ローマのアーチ橋

時代が下り古代ローマ時代には、石造アーチ橋は、帝国の要である交通路、水道とともに広く建設された。古代ローマ人の建設した道路は、総延長8万キロメートルにも上り、橋は3000橋に達した。水道橋の石造アーチの代表例が、紀元前19年に建設されたフランス南部のガール水道橋である。最大スパンは24・5メートルのガール水道橋は、水路を一定勾配で通すために、ガルドン川と南岸の低地を高さ48・8メートルで越えるために、3階建てのアーチ構造として建設された。

古代ローマ人は、膝元のローマのテベレ川にも10橋以上の石造アーチを架けている。これらのひとつが紀元前178年に架けられた4連の石造アーチで、スパンドレル*には、レリーフがはめ込まれていた。

建設当初、アエミリウス橋と名づけられたこの橋は、その後、何度か名前を変えて1800年もの間テベレ川をわたる交通手段を提供してきた。しかし、16世紀末に4連のアーチは端部の1連を残して3連が崩壊し、以後、残った1連は取り壊されることなくそのまま今日まで壊れた橋（ポンテ・ロット）と呼ばれ遺跡となっている。

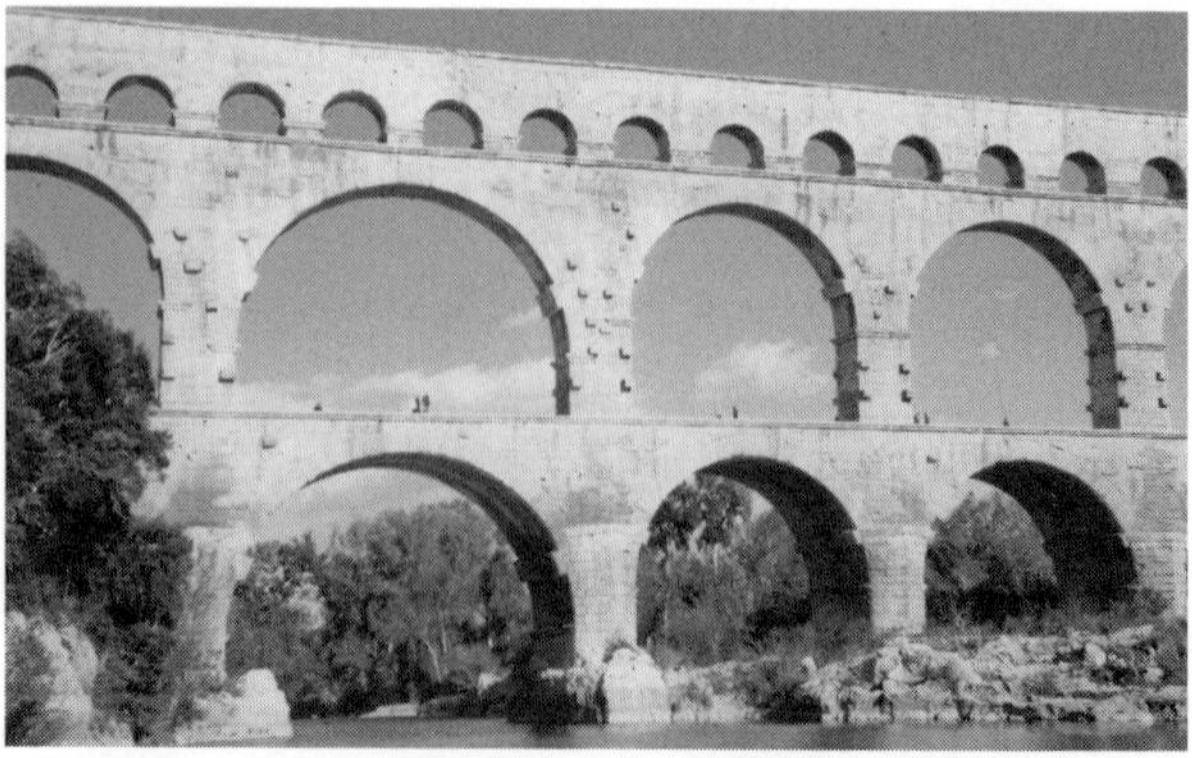

ガール水道橋（フランス、全長275m、紀元前19年建設）。径間数は最上階が35、2階が11で最下層が6と上層ほどスパンが小さく自重が軽減されている。〔I〕

今も現役の橋にファブリチオ橋がある。紀元前62年の建設である。この橋は橋脚上のスパンドレルに円形の穴があけられ、自重の軽減とともに、洪水時の抵抗を少なくする工夫がされている。

ローマ人の建設した石造アーチは、ほとんどが半円アーチで、石材の継ぎ目は、円の中心を通るように、整形された迫石《せりいし》で積み重ねられている。

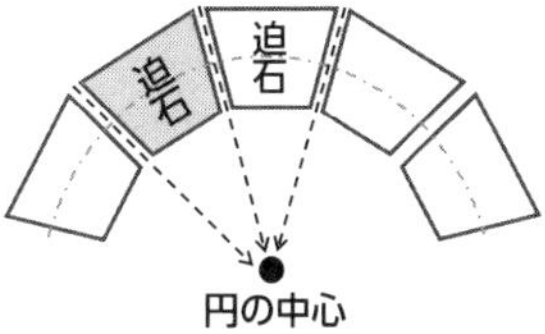

半円アーチの石材（迫石）の継ぎ目は、円の中心を通るように整形されている。

ポンテ・ロット（ローマ、テベレ川、紀元前178年建設）。もとは４連の石造アーチであったが1598年に端部の１連を残して崩壊し、そのまま遺跡として保存されている。〔I〕

ファブリチオ橋（旧ファビリキウス橋、紀元前62年建設）。橋脚上のスパンドレルに円孔があけられた半円アーチで、紀元前の建設であるが今も日々の生活で実用に供している（1995年撮影）。〔I〕

用語解説……スパンドレル●アーチの側面の壁でアーチリブ（→P59）と水平の路面で挟まれた部分。

●中世ヨーロッパの石造アーチ

古代ローマはインフラを中心としたあまりにも高度な技術をもつ文明であった。これは橋の歴史でも同様で、5世紀末の帝国の崩壊とともにその後しばらく、古代ローマを超える橋の建設はなかった。

暗黒時代と呼ばれる帝国の衰退、崩壊から11世紀頃までを経て、ヨーロッパ全域で再び新たな知識が加えられた橋の建設が進められた。これらの橋の建設を中心となって進めたのは、僧侶を中心とする一種の宗教団体ともいえる橋梁《きょうりょう》建設の集団（Brotherhood of Bridge builders; 橋梁建設同胞会）であった。彼らの架けた初期の橋は、古代ローマの橋を引き継いだものではなく、石の橋脚や木の杭の上に置かれた簡単な木製の桁であった。

12世紀になると再び古代ローマに匹敵しそれらを凌ぐ橋の建設がはじまった。フランス南部のアビニョンに今も残るサン・ベネゼ橋はこのひとつである。

南仏プロバンス地方を流れるローヌ川のほとりのアビニョンは、古くから交通の要衝であった。サン・ベネゼ橋は川を越えてアビニョンの街に入るところにある。1177年に建設がはじめられ1185年に完成した。羊飼いのサン・ベネゼが神のお告げによって建設したとの伝説が残っている。

この橋の古代ローマのアーチとの最大の違いは、アーチ形状が半円アーチではない点である。アーチは低いライズをもつなだらかなカーブに見える円の一部である（部分円アーチ）。古代ローマのアーチを超えることは、スパンを伸ばすことのできるより低いアーチ形状への移行で実現されていく。サン・ベネゼ橋はこの事例であった。

アビニョンは、古くからたびたび戦乱の地となり戦禍を受け、14世紀にローマから移された教皇庁がアビニョンの街を外敵の侵入から守るために自らの手でも破壊された。破損を受けては補修がされてきたが、ついに1680年に橋としては見捨てられた廃橋となった。現在の橋は、ローヌ川左岸のアビニョン側からの4連目で途絶えている。岸から2番目の橋脚の上には、伝説の建設者のサン・ベネゼが祀られた小さな教会がある。

サン・ベネゼ橋（フランス、アビニョン、1185年）。完成したときは、全長900m、22連のアーチであった。部分円アーチの採用によって古代ローマのアーチ技術からの脱却がはじまった（2002年撮影）。〔I〕

日本の石造アーチ橋のはじまり

日本で最初に建設された石造アーチ橋は、長崎の中島川に架かる眼鏡橋で1634（寛永11）年の建設である。木と紙の国日本で、石造アーチは少数派であり、そのほとんどは九州に集中する。

長崎の眼鏡橋に次いで、その5年後の1639（寛永16）年には、諫早の本明《ほんみょう》川に、2連の石造アーチの諫早の眼鏡橋が建設された。現在の橋は、1957（昭和32）年に発生した諫早豪雨の後に、解体されて400メートルほど上流の公園に移設されたものである。一部流出の眼鏡橋や桃渓《ももたに》橋などはその後修復保全された。

長崎の中島川には、眼鏡橋に引き続き、石造アーチが建設された。これらの

長崎の眼鏡橋。日本で最初の石造アーチ橋で、長崎の中島川に1634（寛永11）年に建設された。〔I〕

諫早の眼鏡橋。1957（昭和32）年の諫早豪雨の後に400mほど上流の公園に移設された。〔I〕

桃渓橋。長崎の中島川に1679（延宝7）年に建設された石造アーチ橋。長崎大水害で大きな損傷を受けたがその後修復された。〔I〕

多くの橋は300年以上使われてきたが、1982（昭和57）年の長崎大水害で破壊されてしまった。

　日本における石造アーチ橋の建設は長崎ではじまり、時代が下り江戸時代末から明治にかけて熊本、鹿児島で建設されていった。大分県も多くの石造アーチが現存するが、建設時期はほかの県よりも遅く、明治後期から大正で、昭和に入ってからのものもある。

　熊本、鹿児島、大分の石造アーチの技術は、長崎の眼鏡橋の流れであるが、明治に入り九州以外で建設された神戸の砂《いさ》子《ご》橋、京都の南禅寺水路閣、群馬の碓氷《うすい》峠《とうげ》のめがね橋（碓氷第三橋梁）、東京の日本橋などのレンガ造や石造のアーチも、欧米の技術の影響を受けている。

南禅寺水路閣（登録文化財）。琵琶湖疏水の一部として南禅寺境内に1890（明治23）年に建設されたレンガ積のアーチ（2005年撮影）。〔I〕

碓氷峠のめがね橋（碓氷第三橋梁）。1893（明治26）年竣工の４連レンガ造アーチ。アプト式鉄道（急坂用の歯車式鉄道）を通していた。廃線後は遊歩道として利用。〔I〕

日本橋（重要文化財、1911［明治44］年）。長さ49m、幅員27.3mの２連の石造アーチ、橋面の装飾はバロック、ルネッサンス様式と擬宝珠《ぎぼし》や麒麟のレリーフをあしらった和洋折衷。〔I〕

神戸は横浜と並んで早くに近代水道施設が建設された。１９００（明治33）年に、この水道施設の一部として給水管を通す石とレンガ造のアーチが近代技術を学んだ日本人技術者の手によって建設された。この水路橋（砂子橋）は、長さ19・2メートル、幅3・3メートルと小規模ではあるが、高欄《こうらん》と袖壁が付属している。架設中の写真を、19世紀中頃のパリのノートルダム寺院付近に建設されたアルシュベシェ橋の施工を描いた絵画と比べると、迫枠《せりわく》*や支保工《しほこう》の組み方など同じ方法であることがわかる。

建設中の砂子橋。1898（明治31）年頃。　著者蔵

建設時のアルシュベシェ橋（作者不詳、1882年、部分）。中央のスパンが17.1m、両側のスパンが15mの３連のセーヌ川の石造アーチの施工中の様子を描いた油彩画。迫枠と呼ばれる支保工でアーチリブの石材の施工がほぼ終了している。

出所：『セーヌに架かる橋　パリの街並みを彩る 37 の橋の物語』東日本旅客鉄道、1991 年

道路橋として使われている現在の砂子橋（重要文化財）。

出所：文化庁文化遺産オンライン

石造アーチの伝来

日本の石造アーチは中国伝来

長崎の眼鏡橋をはじめとした、日本での初期の石造アーチは、中国の技術の強い影響を受けて建設された。この背景としては、太田静六《おおたせいろく》氏は著書『眼鏡橋 日本と西洋の古橋』の中で、当時の中国側の政情不安により長崎に渡来した中国人僧侶や商人、文人らの存在を指摘している。

清朝の成立は1644年でその約20年後に明が滅亡した。明朝末期の17世紀初めから後半の時期に、多くの中国人が長崎に渡来した。興福寺や、崇福寺などの唐寺は、1620年代に渡来した中国人僧侶らによって創建された。長崎眼鏡橋は、興福寺の二代目住職の如定《にょじょう》によって建設されたといわれる。眼鏡橋に次いで中島川に建設されたその他の石造アーチも長崎在住の中国商人らが深く関係している。石造ではないが、同時代に創建された山口県の岩国にある木造アーチの錦帯橋《きんたいきょう》も中国の影響によるものである。

17世紀の前半から後半にかけて、大名家でも渡来した

用語解説……**迫枠**●アーチの石材を敷き並べるための型枠で、支保工で支えられる。

円月橋（小石川後楽園、1665年建設）。朱舜水《しゅしゅんすい》の指導によって建設された。〔I〕

中国人の文人らを招聘することが行われていた。1665（寛文5）年には徳川光圀が、学問の師として明の遺臣朱舜水《しゅしゅんすい》（1600～1682年）を招聘した。小石川後楽園に遺る石造アーチの円月橋は、朱舜水の設計と指導によって建設されたといわれている。

石造アーチの日本への伝播は、古代ローマや中国においてアーチが建設されてから、実に1500年を超える時間が経過している。古代、中世の日本は、中国からは遣隋使、遣唐使という人の交流によって多くの知識がもたらされてきた。中世では、僧侶が公共事業に関わることが多く、国内で最初のアーチ型の土堰堤《どえんてい》を築いたのは空海であった。空海は、9世紀の初めに唐への留学で、仏教のほか、薬学、土木工学などを学んで帰国した。この知識をもとに四国の満濃池《まんのう》をはじめ溜池、灌漑の土木事業を各地で実施した。とくに満濃池は、日本最古の貯水池で、アーチの土堰堤が築かれた。しかし、これらの中に石造アーチの技術は含まれていなかった。石造アーチが、ユーラシア大陸で営々と建設され、発展をたどっている間、国内ではまったく造られることはなかった。この石造アーチに接する時間の差が、今日まで続く日本人のインフラ観に与えた影響は大きい。橋はストックよりもむしろ次々に消費され、架け替えられてゆくフロー的な感覚を醸成した要因のひとつであると思われる。

では、国内では石造アーチが作られるようになったのはわずか400年ほど前のことで、その後も全国に拡がらなかった理由は何であろうか。よくあげられる理由として、国内では石材の入手が容易ではないことがある。確かにこれはひとつの理由ではある。石材によらずとも豊富な木材から、柱や梁《はり》の材料を切り出し、一体的な部材として、橋脚や、橋桁《はしげた》を架けることができたからである。しかし、城郭基礎や、石垣などは各地に分布していることからこれだけでは十分な理由とは言い難い。とすると、半永久の寿命をもつとされる石造アーチそのものに対する日本人の興味や、それにもとづく導入に対する意欲の程度にその理由を求めることが妥当かもしれない。

洪水による石造アーチ橋の被災

過去、数十年の間、それまで長年にわたって使われてきた石造アーチ橋が洪水で流出し、橋本体が流れの阻害の原因となって被害の拡大を引き起こした災害が発生している。

諫早の眼鏡橋が、石造アーチで最初に重要文化財に指定されたのは、水害が関係している。諫早の眼鏡橋は、諫早市街を流れる長崎県で唯一の一級河川本明川に架かっていた。1957（昭和32）年7月の諫早豪雨によって橋は破壊されなかったが、流木を堰き止めて自然の堰ができたことで、堤防が決壊し市内一円が洪水となった。300年以上にわたって地元の人々の生活を支えてきた石造アーチは、一転して災害の元凶とされ取り壊しの議論がされた。本明川は川幅を拡張され、河川改修が相次いで行われることとされたが、石造アーチは、重要文化財指定を受けることで、取り壊しを免れ400メートル程上流の右岸のすぐ横の公園に移設された。

長崎の中島川の石造アーチ群も、1982（昭和57）年7月の長崎大水害によって壊滅的な被害を受けた。眼鏡橋をはじめ17世紀に建設され300年以上も使われてきた日本最古の石造アーチ群が被災した。眼鏡橋、袋橋、桃渓橋の三橋は半壊で、その他の六橋は、完全に破壊されてしまった。その後、中島川はバイパス化によって川幅を広げられ、半壊の三橋は原位置で修復された。

石造アーチの多い鹿児島でも同様の災害があった。1993（平成5）年8月の豪雨によって、鹿児島の甲突川《こうつき》に架けられ150年以上も使われてきた石橋アーチ群が被災した。石造アーチは、上流から玉江橋《たまえ》、新上橋《しんかん》、西田橋、高麗橋《こうらい》、武之橋《たけの》の五橋であるが、このうち新上橋と武之橋の二橋が流失した。河川改修にともない川幅を拡げるために、残った玉江橋、西田橋、高麗橋の三橋は撤去されて石橋記念公園に移設保存された。

木材よりも長持ちのする強固な石造アーチに対するニーズは、もちろんある。橋のないことへの日々の生活の不便さや、わずかな出水のたびに流される脆弱な木造橋の架け替えの手間の多さなどが訴えられ、より強固な橋の建設が望まれた。この要請によって石造アーチは架けられてきた。この結果として、便利で、安全に川を越えて行き来する手段を得た。しかし、便利、安全を考える時間のスパンを半恒久的に長くとれば、ごくまれにしか起きない大出水では、強固な川の中の構造物は、上流から流れてくる流木などを堰き止めて、逆に人々の安全を脅かす堤防決壊の原因となるマイナスの面も顕在化することになる。

川の中に、強固な人工物をつくるという、自らの手で自然に変更を加えることへの不安や恐れが日本人の心の隅にあり、これが一種のタブーとなって、明治以前の日本人の石造アーチ導入への関心の低さを生み出したともいえないだろうか。古くから浅瀬に設けられた飛び石（石橋《いわはし》）や、洪水のときには、流水に抵抗しない流れ橋や、路面が水面下に没する沈下橋などに、流れの阻害を最小限にとどめたい気持ちの表れをみることができる。石造アーチの導入時期が遅かったことには、日本人の外来知識への選択的摂取の意志があったと思われる。しかし、明治以降になると一転、レンガ造とともに、石造アーチは近代化の証として憧れの対象となった。

諫早市本明川の飛び石。本明川には、古くから2か所に飛び石があった。現在の飛び石は1988（昭和63）年に設置された。〔I〕

四万十川の沈下橋のひとつの佐田橋。洪水時に水中に没したときに、流水抵抗を小さくするように高欄はなく床版《しょうばん》の角も丸みがつけられている。〔I〕

橋事情余話

イギリス版石橋《いわはし》「ター・ステップ」

これも橋の仲間？と思われるかもしれないが、扁平な石を積み上げた「ター・ステップ」はイギリス南西部のサマセット州にあるれっきとした中世の石橋である。

「人間の創り出すものの中で、橋ほど自然の景観に融けこみその美しさを引き出すものはない。これは村の小川の飛び石から、古代ローマの壮大な建造物まで実例をみることができる……」とは、18世紀から19世紀に生きたイギリスの詩人、ロバート・サウジーの言葉である。

このター・ステップは、この言葉のように、川ができたときから

イギリス版石橋「ター・ステップ」。扁平な石を積み重ねただけのかんたんな石橋（1997年撮影）。〔I〕

そこにあったような錯覚を与えるほど、自然の景色と一体となっている。これは、『万葉集』に出てくる日本の石橋と共通する。

サマセット州の西部は、小高い丘陵とそれに挟まれて流れる小川からなる森が点在する。ター・ステップはこのような地形を流れる小川にひっそりと架かっている。

この橋は、橋床、橋脚などすべての部分がクラッパーと呼ばれる扁平な形をした自然石を組み合わせて造られた川の浅瀬をわたる石橋である。同じ種類の橋が中世にいくつか建設されたが、このター・ステップが最も規模が大きい。

床版《しょうばん》には、厚さ約20センチメートル、幅1・5メートル、長さ3メートルほどの扁平な石（クラッパー）が橋脚の上に敷きわたされている。橋全体は17スパンあり、長さ約40メートルある。90センチメートルほどの高さの橋脚は、やはり扁平なクラッパーが空積みされて作られている。

橋脚の上流側、下流側には、クラッパーが斜めに積まれており、洪水の際に橋脚にぶつかる流水を床版の上側へスムーズに越流させる役割を果たしている。

イギリス南西部は、丘陵地形とのどかに広がる田園風景、そしてリンゴ酒で有名である。リンゴ酒をパブで注文すると、シナモンのスティックが添えられて出てくる。そしてもうひとつ有名なのが、アーサー王伝説である。アーサー王が生まれたとされる城、聖杯の泉、瀕死の重傷を負った戦いの地がこのイギリス南西部にあるとされている。

最長で３ｍもある幅の広い扁平な石が17枚敷きわたされている（1997年撮影）。〔Ｉ〕

上流側は、脚の石の上に石が傾斜をつけて積まれ、水切りとなっている（1997年撮影）。〔Ｉ〕

岩倉使節団の一行が見たロンドン、テムズ川に今も架かるブラックフライアーズ橋。〔I〕

3

対外比較による日本の橋

橋や道路などのインフラ施設は、その土地の自然条件による大きな影響を受ける。しかし、もし仮に、自然条件によって決まる部分を取り去ることができたとしても、まだ多くの国や地域による違いが残るはずである。

その土地にどのようなインフラ施設を築き、どのような橋を架けるかということは、自然条件に加えて、その国や地域における人々の生活や慣習、しきたりなどで形作られた考え方の影響を受けるからである。この部分にその国、地域の橋や道路などのインフラ施設に対する考え方の違いが表れている。

幕末から明治初年にかけて、来日した西欧人が日本の橋に対して抱いた印象は、欧米の橋との比較の視点によるものであり、伝統的な日本の橋の特徴を読み解く手がかりとなる。また、同じ時期に、海外にわたって、日本の橋に慣れ親しんだ日本人の眼で見た、欧米の橋に対する印象も、やはり日本の橋の特徴を考える上で参考となる。対外比較の視点から日本の橋の特徴を探っていく。

西欧人の見た日本の橋

西欧人が幕末、明治初年の日本の社会、風俗、暮らし、風景などの印象を書いた著述は数多い。しかし、神社、仏閣、住宅、城郭などの建造物に較べると、社会基盤である橋そのものに対する記述はそれほど多くはない。その中でも橋に対する欧米人の抱く印象の中に、細く繊細で弱弱しく、かつ短命、というものがある。ただ、留意しなければならないことは、伝統的な日本の橋のイメージは、明治以前の著名な橋や、格の高い橋などがもととなっていることである。橋はこれらがすべてではなく、身近な場所で小川や掘り割り、溝《どぶ》を越える小さな無名の橋が数多くあったはずであり、これらの橋については、今日の「伝統的な日本の橋」にはあまり反映されていない。

小さな橋では、整形されていない生木を樹皮のついたまま川の中に建て、そこに、丸太を架けわたし、上に土を敷いた土橋《どばし》があるが、明治以後もかなりの期間使われていた。同時代の外国人は、これらの日常の橋も含めて日本の橋に対する印象を抱いた。

『維新の港の英人たち』では、イギリス公使のラザフォード・オールコックが、１８６１年に香港から長崎に上陸し、陸路で横浜まで行く途中、水の都の大坂に立ち寄って目にした橋の印象を「大君の都」から引用して紹介している。

「……樹木の生い茂る高台に立った大君《タイクーン》の城が、眼下に淀川の流を見下ろしていた。『われわれがこの荒漠たる都市の郊外を横断するのにほとんど1時間もかかった頃、ようやく大通りにさしかかったようにみえた。（中略）ついにわれわれは川の本流にたどり着いた。300ヤードほどの、りっぱな堅牢なつくりの橋がかかっていた。そのすぐ下流の川の中央に、ややセーヌのサン・ルイ島のように、ぎっしりと家が立て込んだ島があった……』『われわれは市内を四方八方に還流する13の川や運河を舟でまわってみた。たしかに当地は日本のベニスであった。すくなくとも百を数える橋が、いたるところで水の流にかかっていた。多くの橋は非常に幅がひろく、その構築には相当の費用がかかっただろう』」

サン・ルイ島のような島とは、各藩の蔵屋敷の立ち並んだ中之島で、今では中之島の上流側は橋まで達しているが、当時は島の上流側に、浪華《なにわ》三大橋と呼ばれる難波橋、

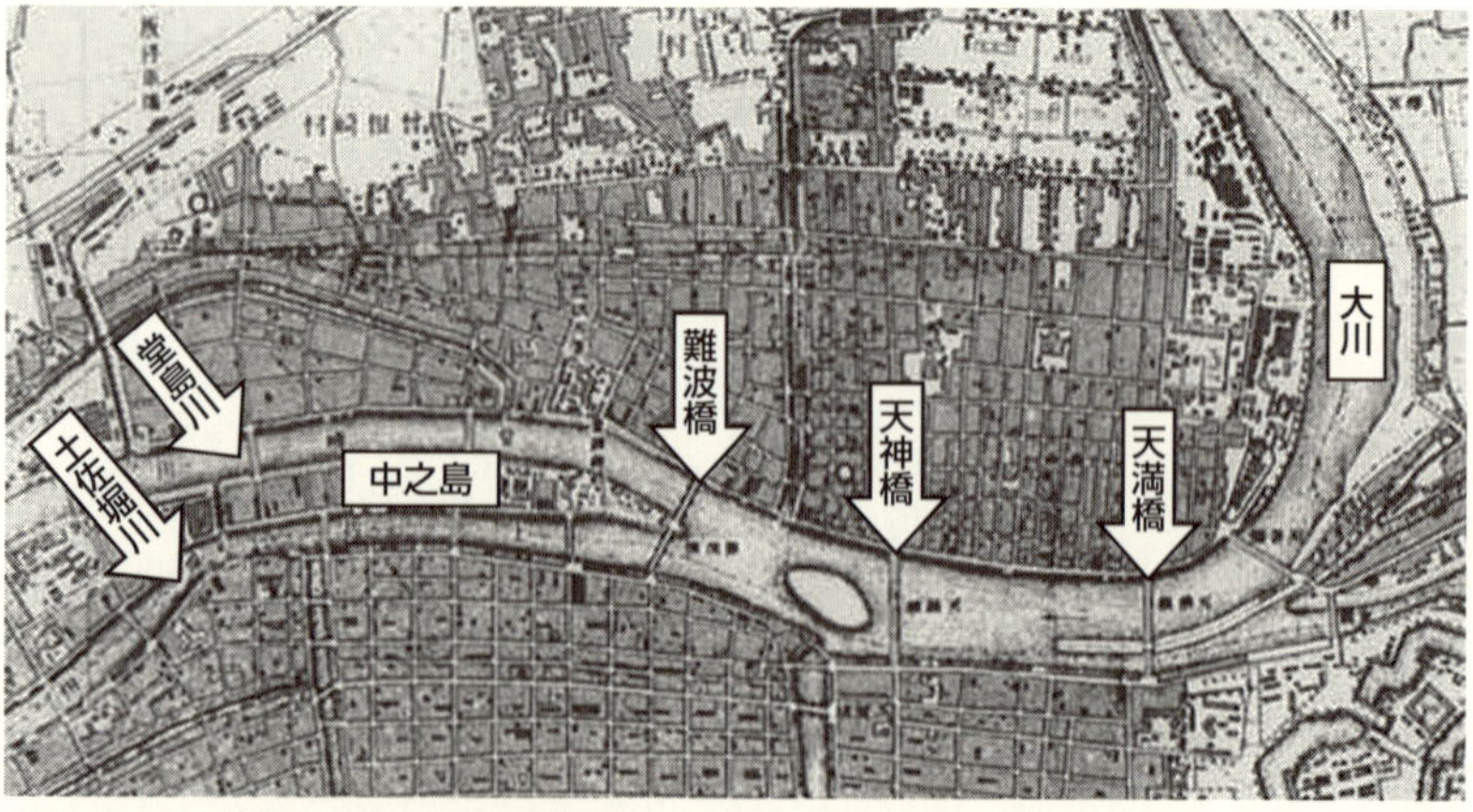

明治初期の中之島付近（参謀本部陸軍部測量局「２万分の１仮製地形図」、明治17〜23年）に加筆。江戸時代には中之島の上流側先端は難波橋から離れていた。

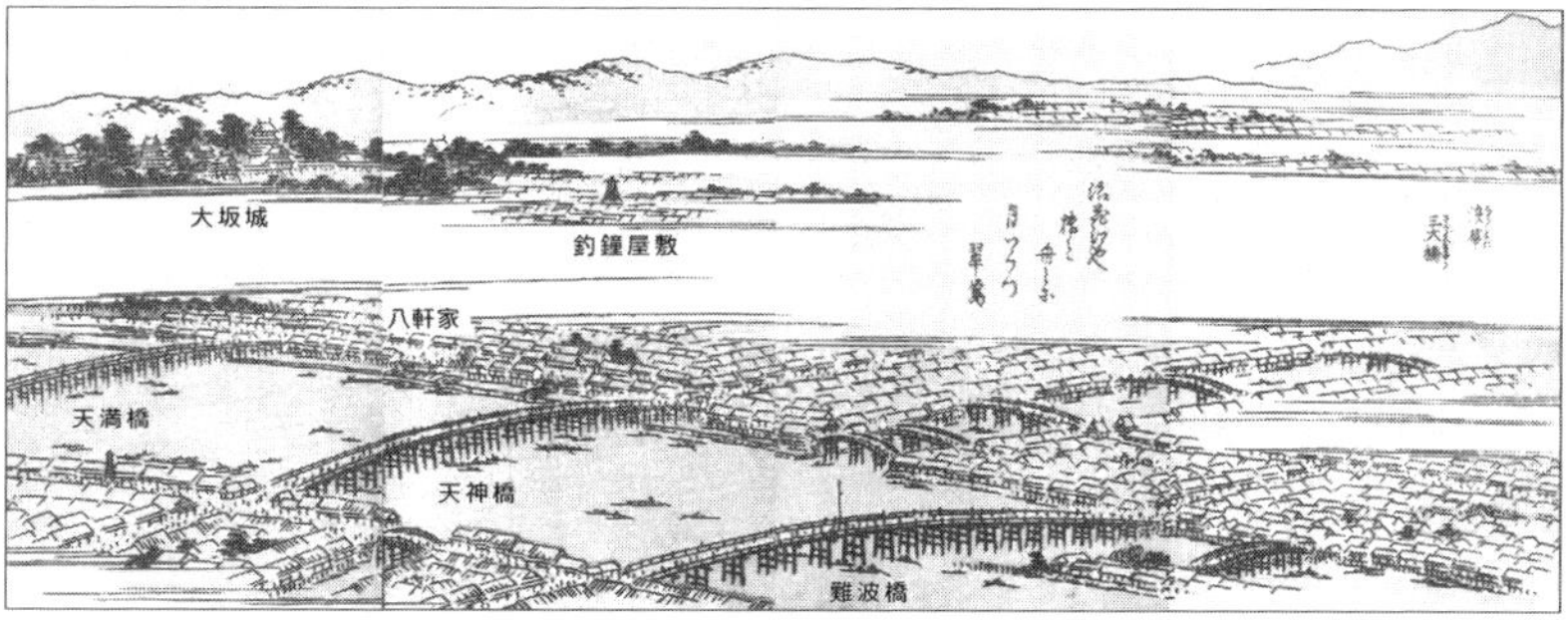

浪華三大橋。左から天満橋、天神橋、難波橋。　出所：『浪華の賑ひ』松川半山、1855 年

江戸時代の天満橋。　出所：『諸国名橋奇覧』葛飾北斎、国立国会図書館所蔵

天満橋から見た天神橋と難波橋。中之島はまだ難波橋に達しておらず、大川を一橋でまたいでいる。
出所：『大日本全国名所一覧　イタリア公使秘蔵の明治写真帖』平凡社、2001 年

天神橋、天満橋がかかっていた。オールコックのいう「堅牢なつくり」の橋とは、この三橋のいずれかで、おそらくは、難波橋と思われる。

大阪の橋に詳しい松村博《まつむらひろし》氏によれば、当時の三大橋は、いずれも幕府の管理する公儀橋で、ほかの中之島周辺に架かる民間管理の橋よりも多少は、構造的に立派であったかもしれないが、特別に「りっぱな堅牢なつくりの橋」とはいえないとのことである。

オールコックが長崎から陸路移動の途中に見聞した各地の様子からすれば、水の都の運河や水路に架かる橋が相対的に「立派な橋」として映ったものかもしれない。

イザベラ・バードの見た石橋

1878（明治11）年に、東北を旅したイギリス人のイザベラ・バードは、エキゾチシズムに浸りながら、あたかも不思議の国を旅するような旅行記をまとめている。この中で、山形に入り、交通量の多い幅広い道路に感心しながら進み「ほとんど完成したすばらしく立派な石橋を見てとても嬉しかった」と述べている。山形に至るまで凹凸の道やあまりにも弱弱しく見えた道路や木造橋の連続の中で、堅牢な非日本的な石造《せきぞう》橋に出会った安堵感であろうか。

山形県の初代県令（知事）の三島通庸《みしまみちつね》は、出身の薩摩からの石造アーチ技術移転に熱心で、イザベラ・バードの出会った橋は、道路改修工事の一環として整備が進められていた完成直前の5連の石造アーチの常盤橋であった。この橋は、1890（明治23）年に洪水で崩壊して現存しないが、高橋由一《たかはしゆいち》の絵画『酢川にかかる常盤橋』と当時の写真で、バードが見た「立派な石橋」のイメージをつかむことができる。常盤橋の建設以後、福島から米沢、山形へと辿る道筋にはいくつもの石造アーチが建設され、その総数は20橋を超えた。これらのうち半分以上が現存する。バードが投宿した上ノ山温泉手前の羽州街道沿いの宿場町の楢下《ならげ》宿にも、須川をまたぐ石造アーチが2連残っている。1880（明治13）年に架けられた橋長14・7メートルの新橋はそのひとつである。

常盤橋の写真。

出所：『大日本全国名所一覧　イタリア公使秘蔵の明治写真帖』平凡社、2001年

羽州街道沿い楢下宿の新橋。常盤橋の2年後に竣工した長さ14.7m、幅、高さ4.4mの石造アーチ橋（2016年撮影）。〔I〕

●お雇い外国人ブラントンの印象

日本政府が雇用した最も初期のお雇い外国人技術者に、土木技術を専門とするスコットランド人のR・H・ブラントン（1841～1901年）がいる。灯台建設を主務として雇用されたが、着任後は上下水道、道路、港湾、河川、橋梁《きょうりょう》と多方面で活躍をした。イギリスでは鉄道関連の経験を積み、1868（明治元）年に来日したときは、弱冠27歳であった。

ブラントンは、任を解かれて日本を去った1878（明治11）年3月まで、一時帰国を除く約8年間の日本滞在の記録を残している。この中で、ブラントンは、日本の橋について、技術者としてのクールな見方を示している。

「日本に来たことのない人には、平均的な日本の住宅がいかに原始的なものであるかを想像することは難しい。日本の典型的な家屋は簡素で、その住み心地は四季を通じて快適なものではない。地面より少し高さのある礎石の上に建てられた柱が、建物のもっとも重要な構造となっている。この柱は、極めて重く、あまり造りのよくない屋根を支えている。屋根は、あまり丁寧に見えない施工で、重いタイル（瓦）か、厚い藁かで葺かれている」（中略）

「1870年に見た日本の橋の構造は、前に述べた住宅と同様に非常に原始的なものであった。橋脚は木の皮がついたままの2本の木材で構成されている。岸から1番目の橋脚は、工法が許す限り岸から離れて地中に打ち込んである。橋脚と橋脚の間には、2本の材木が渡してあり、それには日本の橋に特有のアーチ形のように曲がった材木が選んである。橋脚の上には横に並べて厚い板が貼ってある。これに粗雑に造った手すりをつければ橋は完成である。こんな橋は常に修理が必要でまた馬車は通れない。橋は5年毎くらいに全体を架けかえなければならない」（筆者訳）

ブラントンは日本の橋を住居と同様に木造で耐久性に乏しく非常に原始的と評している。ブラントンの出身国のイギリスにおける橋の評価で面白いのは、ロンドンのテムズ川で最後の木造橋となった前近代的で原始的な旧バタシー橋に対するものである。この橋は、構造物としての機能は劣ってはいたが、100年以上も存続し、多くの画家を魅了した。これは保田與重郎《やすだよじゅうろう》の『日本の橋』で述べられている、弱弱しく自然に逆らわずに消えていく寂しい橋として、日本人の心を魅了する感覚に通じるものがある。

旧バタシー橋は、1772年に有料の橋として建設され、ほかのテムズ川の橋が近代的な橋となるのを横目に満身創痍ながらも1885年まで架かっ

晩年のブラントン。

出所：『R・H・ブラントン　日本の灯台と横浜のまちづくりの父』横浜開港資料普及協会、1991年

ロンドン都心に今も残るブラントンの住居。1901年に亡くなるまでここに住んでいた（2015年撮影）。〔I〕

ていたので、ブラントンも眼にしたであろう。というのは、ブラントンがお雇い外国人技術者としての任を伊藤博文より解かれて帰国したのは、この橋が撤去される７年前の１８７８年である。晩年まで過ごしたロンドンの住居は、地下鉄グロスター・ロード駅付近で、バタシー橋へ徒歩で15分ほどの場所であった。

かつて、今も残っているブラントンの旧宅のすぐ横のホテルに宿をとり、旧バタシー橋まで歩いたことがある。そのとき感じたのは、橋のすぐ近くに住む土木技術者のブラントンが、取り壊しがいろいろ議論されていた旧バタシー橋に無関心であったはずがない、という確信である。ブラントンはこの橋を見ている。

旧バタシー橋は、木造であることから劣化が進み、常に補修の手が加えられた。また船の通行を妨げる理由から、橋脚の一部が撤去されてコンクリートや鉄材による補強もされてきた。しかし、いよいよ劣化が著しく、ついに馬車の走行が禁止され、歩行者専用橋を経て、１８８５年に撤去された。

数多く描かれた旧バタシー橋の絵の中で、北斎の浮世絵の影響を受けたホイッスラー（１８３４～１９０３年）の描いた『ノクターン　青と金、オールド・バタシー・ブリッジ』（１８７２～

１８７５年）は、特に有名である。夕闇の中で、実際より橋脚は高く誇張され、遠くに花火が上がっている。小林清《こばやしきよ》親《ちか》（１８４７〜１９１５年）の描いた『開化之東京　両国橋之図』が、今度はホイッスラーから影響を受けているように見えるのは興味深い。

ホイッスラーの『ノクターン　青と金、オールド・バタシー・ブリッジ』（左、テート・ブリテン所蔵）と小林清親の『開化之東京　両国橋之図』（右）。

出所：『小林清親　“光線画”に描かれた郷愁の東京　没後100年（別冊太陽日本のこころ229）』平凡社、2015年

サムライの見た西欧の橋

幕末の遣欧使節団

一方、幕末、明治初年に西欧諸国を訪れた際の日本人の記録にある西欧のインフラや橋に対する印象からも、逆に日本の橋の特徴をうかがい知ることができる。

徳川幕府は、1860年代に条約批准や改正交渉、万国博覧会への参加、視察などの目的で、使節団を4回派遣している。1860年に日米修好通商条約の批准書交換で遣米使節を派遣したのを皮切りに、1862年、1864年に遣欧使節を派遣し、1867年には、パリ万国博覧会を機に幕府のほか佐賀藩、薩摩藩も派遣をしている。明治政府は、1871（明治4）年に岩倉具《いわくらとも》視《み》を特命全権大使とした米欧への岩倉使節団を派遣している。派遣の目的は、幕末に締結した条約改正の交渉が主要な目的であったが、視察も大きな比重を占めた。

これらの使節団の報告の中には、橋を含む欧米諸国のインフラ施設を間近に見て印象を記しているものもある。

1862（文久元）年の第1回の遣欧使節団の記録の中に、橋に関する記述がある。使節団は、フランス経由、ロンドン万博に参加した後、オランダ、ドイツと歴訪し、ケルンで見た橋の印象の記録がある。

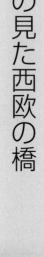

「河の上にもっとも奇功な大きな橋を架ける。すべて鉄製で120間の長い橋のうえに幅9間、高さ3間の鉄格子の囲いをつけている。中間にも同じ鉄格子があり、左右の各4間づつを分けている。一方には汽車の鉄路をつけて車道とし、一方には歩行できる道をつけて往来させている。河の中の4か所に堅固な石塁を築造して、柱の代りにしている。これは歴訪した6か国のなかでもいまだかつて見たことのない珍奇な橋である」

この橋は、ケルンのライン川に現在架かる鋼アーチのホーヘンツォレルン橋に架け替えられる前の1855年に建設されたカセドラル橋である。鉄格子とは、斜材を格子状に組んだラチス桁*のことで、箱を構成し、これが4つ並んでいた。汽車はこの箱の中を走る。この形式は、鉄道が延

用語解説……**ラチス桁**●斜材の間隔を狭くとったトラスの一種（↓P214、219）。

第１回の遣欧使節団の主要メンバー。右から２番目が正使の竹内保徳《たけうちやすのり》。

伸する19世紀後半において、ヨーロッパの各国や、イギリスの植民地のインドで、比較的大きな河川を鉄道がわたる場所に採用された構造であった。

日本の伝統的な上路《じょうろ》*の桁橋になれた目には、路面より上に構造体があるのがよほど珍奇と映ったと思われる。これは、逆に構造体の上を人が通行するもの（上路橋という）という日本における橋に対するイメージを示している。日本の伝統的な橋は、ほぼすべてが、梁《はり》を架けわたした上に路面があり、路面上には手摺りがあるだけというのが橋の形に対する常識であった。「いまだかつて見たことのない珍奇」と写ったのは、高さ方向に構造を組み上げるという点であり、日本の橋のなかにはこのような橋が高さ方向に「厚み」をもつ構造がなかったからであろう。

バーミンガム近郊の工場でインド向けに製作中のラチス箱桁（1860年8月）。

出所：J.G.James. *Overseas Railway and the Spread of Iron Bridges, C.1850-70,* Author, 1987.

用語解説……上路●道路や鉄道の走行面が構造体の上側にある橋の形式。

1862年に幕府遣欧使節団が見た「珍奇な橋」カセドラル橋（ドイツ、ケルン）。1855年に建設され1909年にアーチ橋に架け替えられた。4×103.2mの錬鉄ラチス箱桁で、汽車は桁の中を走る。遠方はケルン大聖堂。当時は塔がまだ１本であった。

現在、カセドラル橋と同じ位置に架かるホーエンツォレルン橋（2015年撮影）。〔I〕

岩倉使節団

幕末から明治初年の使節団の報告記録中で、最も詳細な記録が、『特命全権大使　米欧回覧実記（岩波文庫）』（全5巻）である。総勢50人の使節団の公約数的な体験記として編纂された。橋に関する詳しい記述としては、アメリカでのナイアガラ吊橋、イギリスではロンドンのテムズ川に架かる橋がある。

編者の久米邦武《くめくにたけ》は、佐賀藩出身で当時33歳であった。1871（明治4）年の出発時の立場は、「使節紀行纂輯専務心得」で、明治6年に帰国した翌年には太政官外史記録課長となり編纂を担当した。その後、歴史学者として東京大学の前身の文科大学教授を経て早稲田大学で国史と古文書の研究をしている。

イギリスに関する詳細な報告の中で、ロンドンの道路交通について、テムズ川の河底トンネルと橋について述べている（『米欧回覧実記　二』、以下『実記』と示す）。

橋に代わる渡河の方法として、テムズ川の下をくぐるトンネルにも「**倫敦《ロンドン》ノ奇中ノ一タリ**」とし、次のように大きな興味を示している。

テムズトンネルの内部。この図は『実記』の中に「倫敦隧道ノ内景」として収録されている。

「河口ハ、石磴ニテ上下スルユヘニ、馬車ヲ通セス、河ノ幅ハ百数十間ニ及フ、洞中ニハ瓦斯燈ヲ点ス、風気通暢ヲ欠キ、近来ニテハ余リ通行モ繫昌セスト、然トモ水底ニ道ヲ通スルノ偉業ヲ創メ隧道ヲ創始トス、近頃鉄道会社ヨリ引受ケテ、府街ヲ回ル地底鉄道ノ線ニ接セントスルト云」

このトンネルは、19世紀前半に活躍した土木技術者のマーク・ブルネル（1769～1849年）によって施工された世界で最初のシールド工法による歩行者用のトンネルであった。使節団も耳にしたようであるが、1875年に鉄道会社に売却されて鉄道用トンネルとされた。現在も地下鉄路線のトンネルとして使われており、文化遺産としても登録されている。このトンネルは、その10年前の1862年のロンドン万博に派遣された幕末遣欧使節も視察している。

まず、ロンドン橋の下流に位置するロンドン港（ドック）とテムズ川の航行船舶の関係を考慮した架橋計画について、使節団の理解の状況が次の記述からわかる。

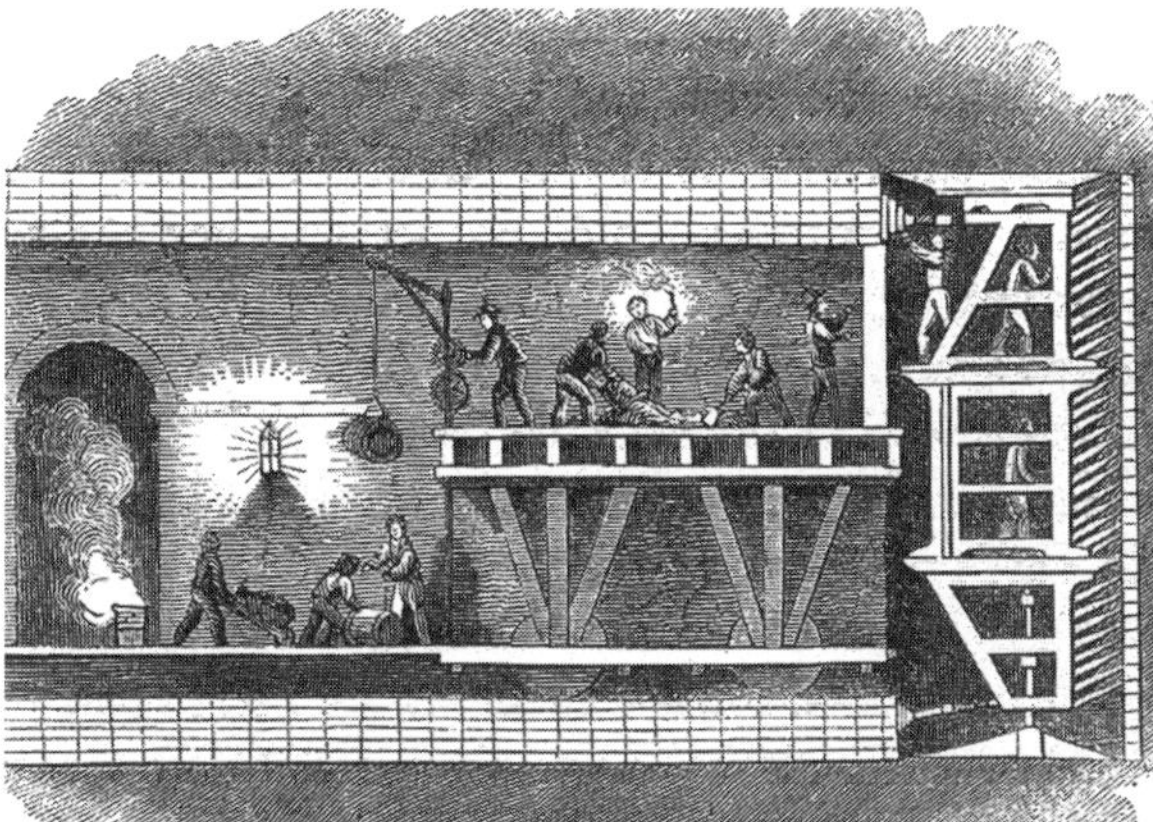

ブルネルのシールド工法説明図。『実記』では「河底ノ隧道ハ……洞穴ヲ磚瓦（かわら）ニテ築固メ、河ノ底ヲククリテ……」と記録されている。

「倫敦貿易ノ水路ニテ、最下流ニ架シ渡セル橋ヲ倫敦橋ト云、諸商船ノ上リ下リ来ルハ、此ニ至テ止ル（凡ソ橋ヲ架スルトキハ船舶夫ヲ過キテ上ルコトヲ得ズ、故ニ河流ニ橋ヲ架スルハ船舶ノ航スヘキヤ否ヤヲ測量シテ終古船運ノ限リ此ニ尽クルヲ定メテ架スコト西洋架橋ノ達方ナリ、否スレハ国ノ鴻益ヲ妨害ス）、此ヨリ上流ニハ、唯小船ヲ往来スルノミ（以下略）」

さて、橋であるが、「倫敦橋ヨリ上流ニ向ヒ、十三橋ヲ架ス、其四ハ鉄道ヲ通ス、人馬ヲ往カシメス、其九ハ車馬行人ノ橋トス、其建築ミナ其精巧ヲ極メ、経費甚タ巨大ナルコト、左ニ表列スルカ如シ」として、順次各橋について述べている。

このうちロンドン橋を「府中第一ノ美橋ナ

使節団の見たジョン・レニー設計のロンドン橋。1972年に解体された。

リ」と評している。使節団が見たロンドン橋は当時、完成後40年が経過していた。土木技術のジョン・レニー（1761～1821年）の設計により、1831年に息子によって完成された石造《せきぞう》アーチであった。この橋は、使節団の視察100年後の1972年に現在の橋に架け替えられ、旧橋は、解体されてアメリカのアリゾナ州に移設された。

使節団が見たブラックフライアーズ橋は、当時の橋が現存する。1864年6月に着工し、1869年10月6日に開通した錬鉄アーチである。『実記』には、「**石橋ナリ。三年前ニ改築シ、其精を極ム**」とある。錬鉄アーチであるが記録には石造とあり、精巧なでき栄えと評している。

ウォータールー橋は拡幅工事が原因で橋脚の沈下が発生し、1942年に鉄筋コンク

現在のブラックフライアーズ橋は使節団の訪英の数年前に建設された。（2016年撮影）。〔I〕

リート橋に架け替えられているが、使節団が見た橋は、ジョン・レニーの設計した9連の石造アーチであった。『実記』には、「長サ1242尺、広サ42尺、石橋ナリ、1817年ニ115万磅《ポンド》ニテ架成ス、ソノ美倫敦橋ニツク」とある。ウォータールー橋開通式を描いたコンスタブルの絵が、ロンドンの美術館テート・ブリテンに展示されている。

ウェストミンスター橋は、使節団が訪問する10年前の1862年に完成した7連の鋳鉄アーチである。左岸側の国会議事堂との調和からゴシック調のデザインが取り入れられている。7連のアーチは、中央が39メートルで順次両岸に向かって、38メートル、35メートル、30メートルと漸減している。車道幅員17・6メートルで両側に3・9メートル幅の歩道がついている。技術的面での特徴は、現在では鉄筋コンクリートの床版《しょうばん》に変更されているが、後年日本の橋でも広く採用されることになるバックルプレート*が最初に使用されたのはこの橋である。

使節団は、「長サ1223尺、広サ44尺、石橋ナリ、1751年ニ89万磅ニテ架成セルヲ、1862年石橋

『ウォータールー橋の開通式』(J.コンスタブル、1832年、部分、テート・ブリテン展示)。〔I〕

ニ改築ス、ソノ工甚タ美ナリ、『ウォートルロー』ト相角スヘシ」と記録している。この橋も、鋳鉄製のアーチであるが、『実記』には石橋と書かれている。国内では、アーチ形といえば、石造の眼鏡橋であることもあって、石橋と記録してしまったものと思われる。美というよりも先進性の評価の共通点は石橋（に見える）のアーチという点にあるようである。

旧バタシー橋から見た1858年完成の旧チェルシー橋。

『実記』に記録されたチェルシー橋も1937年に架け替えられている。旧チェルシー橋は、ヴィクトリア橋とも呼ばれた装飾のある鋳鉄の塔、錬鉄の桁、チェーンの自定式の吊橋*であった。1851年着工し、1858年完成。有料の橋として運営された。

『実記』には「長サ970尺、広サ53尺、1772年2万磅ニテ架成セル木橋ナリシニ、近年石橋に改築シ、精工ヲ尽シ、又評判ノ美橋ナリ」とある。1772年に架設された旧橋の木橋とは、前述の旧バタシー橋のことのようである。鋳鉄、錬鉄を主材料とする吊橋を石橋に改築されたと記録していることから、チェルシー橋の記録は、あるいは、別の橋の可能性もある。

使節団が見たハンガーフォード橋（1864年）は、両側に

用語解説……**バックルプレート**●橋の床版に用いる鋼板で、四角形で中央部にへこみがついた形状。これを敷き詰めた上に砂利や、無筋のコンクリートを打設する。

自定式の吊橋●ケーブルの固定点が橋の外ではなく、桁の両端などの橋内部にある吊橋。

斜張橋*の歩道橋（ミレニアム記念で建設されたゴールデンジュビリー橋）が追加されているが現存する。この橋に対しては、ほかの橋の記述と異なり、『実記』には臨場感のある記述がある。実際に眼にした橋に対して、次のような印象が述べられている。

「橋間ニ又鉄道ノ橋アリ、屋甍《おくぼう》ノ上ヨリ飛亙《わた》リ来テ、河傍ノ駅ニ達ス、鉄路ノ下ハ鐵《てつ》ノ巨柱ヲ以テ支持シ、大路ノ上ハ、石ヲ畳ミテ湾弧ヲナス（「アルチ」ト云、我眼鏡形ノ築石法是ナリ）車輪ハ雷ノ如ク驟轟《しゅうごう》シテ、人ノ頭上ヲ奔走シ、駅ヲ出テ駅に入ル、車ニ搭スル客ハ、蜂ノ如ク屯シ、車ヲ下ル客ハ蜂ノ如ク散ス」

「河傍ノ駅」とは、テムズ川北岸のチャリング・クロス駅のことで、「人ノ頭上ヲ奔走」とは、南岸からトラス桁をわたってテムズ河畔沿いのビクトリアエンバンクメントの通りを汽車が越えて駅に入る様子である。川に沿った道

「河傍ノ駅ニ達ス」ハンガーフォード橋。左手にチャリング・クロス駅が見える（2016年撮影）。〔I〕

路の上空を越える立体的な橋の配置と鉄の構造に目新しさを感じており、アプローチの石造アーチの高架橋についても記述がある。

近代化とともに変化した構造美のイメージ

実用本位の視点に立った明治以後は、橋や建造物では、石を主体としたより重厚で堅牢な構造が、より評価されるように変化している。これは多分に明治前半の欧米文化への憧れの意識が影響している。1860年からの10年間は、日本は西欧の文物、文化に対する評価が大きく変わった時期であるが、橋の評価も同様に、より重厚さが強調された構造が好ましいと変化している。日本の伝統的な橋や建築物の軽さよりも、銀座の「1丁ロンドン」のレンガ街などのように重厚さが欧化の象徴として好んで施工されるようになった。橋もより重厚さをもつ石造アーチが近代化への証として好ましい形式と受け取られるようになっていった。

用語解説……斜張橋●橋塔から斜めに張られケーブルが直接桁を支持する橋の構造形式。

「人ノ頭上」を越えるハンガーフォード橋（右）と「鉄路ノ下」を支持する「鐵ノ巨柱」（左）。「屋甍ノ上ヨリ飛瓦リ来テ」の表現のとおり、テムズ河畔沿いのビクトリアエンバンクメント通りをまたいで駅に入る。左手が駅、右手がテムズ川（2016年撮影）。〔I〕

橋事情余話

江戸東京下町の橋

1912（明治45）年7月19日に東京隅田川に開通し、その後、60年余りの現役を勤めた新大橋の一部が明治村に遺されている。中央区と江東区を結ぶ橋全体のわずか8分の1ではあるが、中央区側の橋の入り口部分が解体されて移築されたものである。花崗岩の親柱にS字曲線を多用したアールヌーボー調のデザインを取り入れた照明や、高欄《こうらん》、橋門構などは、20世紀初頭という時代を感じさせる。

新大橋は、全長180メートル、幅員18・8メートルで、中央に車道と市電の線路が通り、両側に歩道のついた堂々たる橋であった。床版《しょうばん》は木造ではなくコンクリート製であったため、関東大震災でも焼け落ちることはなかった。このため橋上は避難場所となって多くの人々を救ったといわれている。

江戸期の新大橋。『名所江戸百景　大はしあたけの夕立』歌川広重。

国立国会図書館所蔵

隅田川に新大橋が最初に架けられたのは、17世紀末の元禄年間のことで、千住大橋、両国橋に次いで、3番目の橋であった。当時の架橋地点は今より200メートルほど下流の場所であった。この30年前に架けられた両国橋が、大橋と呼ばれて上流側にあったことから、この橋が、新大橋と名づけられた。

江戸時代の新大橋は、増水した隅田川の流れで橋脚が流されたり、火事で焼けたりと、破損をしては修理を繰り返す維持費のかさむ橋ではあったが、交通の便とともに、江戸下町の重要な景観を創り出してきた。

ゴッホの描いた新大橋『雨中の橋』。歌川広重の夕立の中を小走りに橋をわたりぬけようとする人と雨にかすむ新大橋の遠景を描いた『大はしあたけの夕立』（右）をゴッホが模写。

江戸名所百景にある歌川広重の有名な浮世絵で、夕立の中を小走りに橋をわたりぬけようとする人と、雨にかすむ遠景を描いた『大はしあたけの夕立』はこの新大橋の情景である。

浮世絵は19世紀末のヨーロッパ美術界にジャポニズムとして影響を与えた。ゴッホが広重のこの新大橋の浮世絵を『雨中の橋』と題して模写したことはよく知られている。

先代の新大橋を描いた浮世絵の影響を受けたアールヌーボーが、今度はエコーとなって帰ってきて、明治の新大橋のデザインに影響を与えたことは、面白い。

旧新大橋（1912［明治45］年建設、1977［昭和52］年一部が愛知県犬山市の明治村に移築）。橋門構にアールヌーボーのデザインが取り入れられている（2016年撮影）。〔I〕

1887（明治20）年建設の旧吾妻橋は隅田川で最初の鉄橋であった。
提供：土木学会附属土木図書館

4

鉄とコンクリート

鉄とコンクリートは、今日では橋の材料の双璧である。近代における橋の発展の過程は、木や石の自然材料から人工材料の鉄とコンクリートへの移行と軌を一にしている。

鉄が橋の主要材料として使われるようになったのは、18世紀の初めにイギリスで石炭製鉄に成功した後、同世紀末に建設されたアイアンブリッジが最初である。18世紀の後半に入ると、鋳鉄を精錬することによって、より粘りのある錬鉄が使われるようになった。

わが国が鉄橋の技術の導入をはじめたのは、すでに鋳鉄から錬鉄の時代に入っていた。この錬鉄の橋も、19世紀末頃から、新素材であった鋼を用いた橋によって凌駕されていく。

鉄筋コンクリートは、錬鉄より半世紀、鋼から10年程度遅れて、橋の材料として使われるようになった。欧米でも未完成の発展途上にあった鉄筋コンクリート技術は、日本人技術者たちに開発側へ立てる希望を抱かせる技術であった。現存する当時の鉄橋や鉄筋コンクリート高架橋を通じて、日本人技術者たちの思いをたどることができる。

ここでは、近代初期の新材料による鉄橋と、少し遅れて登場した鉄筋コンクリート高架橋について見ていく。

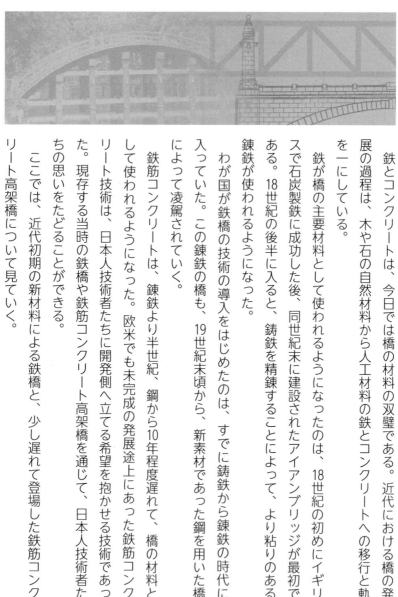

鉄橋ことはじめ

鉄橋は近代化のシンボル

鉄橋の登場

明治以後の近代的な橋と江戸時代までの伝統的な橋を区分する最も大きな相違点のひとつは、橋を作る材料にある。明治以前では、橋の主要部分を構成する材料は、もっぱら木や石などの自然材料であったが、幕末、明治初年から、欧米技術の導入によって鉄で作られた橋が架けられるようになった。借り物の技術でスタートした鉄橋建設の技術を自前の技術とするためには、それを支える基盤技術として鉄を加工する技術や機械類、動力などの工場の整備、あるいは、素材自給のための鉄鋼産業の確立が不可欠であった。鉄橋ことはじめは、鉄鋼関連産業のことはじめでもあった。

くろがね橋のたもとにある「銕橋」と旧仮名で橋名が刻まれた当時の石柱（2016年撮影）。〔I〕

長崎のくろがね橋は、1868（慶応4）年に建設された日本で最初の鉄橋である。1931年にコンクリートの桁橋に架け替えられ、さらに1990年に現在のコンクリート歩道橋に架け替えられた。

出所：『新版日本の橋　鉄・鋼橋のあゆみ』朝倉書店、2012年

日本で最初の鉄橋は、１８６８（慶応４）年８月に長崎の中島川下流に架けられたくろがね橋である。出島のオランダ人技術者のホーゲルが長崎製鉄所で加工をして架けたもので、長さは２１・８メートル、幅６・４メートルの桁橋であった。次いで１８６９（明治２）年の秋に横浜の外国人居留地入口の関内に、イギリス人技術者のブラントンによってワーレントラス*の吉田橋が架けられ、翌１８７０（明治３）年には大阪の東横堀川にイギリスから輸入された高麗《こうらい》橋が完成した。これらの橋はいずれも現存しない。しかし、明治初期の鉄橋で今なお現役として活躍している橋もある。

横浜の吉田橋。1869（明治２）年に建設された日本で２番目の鉄橋で、長さ約21mのトラスであった。　出所：『新版日本の橋　鉄・鋼橋のあゆみ』朝倉書店、2012年

横浜絵『横浜吉田橋伊勢山大神宮遠景』に描かれた吉田橋。
出所：『新版日本の橋　鉄・鋼橋のあゆみ』朝倉書店、2012年

１８７３（明治６）年にドイツより輸入されて架けられた大阪の心斎橋は、緑地西橋と名前を変

えて大阪市鶴見区の緑地公園に歩道橋として現存する。長さ36メートルほどの錬鉄ボーストリングトラス橋*で、現存最古の鉄橋である。

高麗橋。1870（明治3）年に日本で3番目、大阪で最初の鉄の橋が完成した。桁、橋脚ともイギリスから輸入され東横堀川に架けられ、1929（昭和4）年に現在のコンクリートアーチ橋に架け替えられた。　出所：『新版日本の橋　鉄・鋼橋のあゆみ』朝倉書店、2012年

緑地西橋（旧心斎橋）。1873（明治6）年にドイツより輸入された長さ約36mの錬鉄ボーストリングトラス橋で日本現存最古の鉄橋である（2015年撮影）。〔I〕

用語解説……ワーレントラス●斜材の向きを交互して逆「W」の形状のトラスの形式（→P219）。現在主流のトラス形式。

ボーストリングトラス●斜上弦材（トラスの上縁）と下弦材（下縁）が弓と弦のような形から呼ばれるトラスの形式。

最初の鉄道橋

1872（明治5）年に開通した新橋・横浜間の鉄道の橋は、すべてが木造であったが、次いで1874（明治7）年に開通した神戸・大阪間鉄道建設では、武庫川橋梁《きょうりょう》、神崎川橋梁、および十三《じゅうそう》川橋梁にイギリスで製作された錬鉄70フィート（約21メートル）ワーレントラスが国内で最初の鉄道用の鉄橋として架設された。

1874（明治7）年に着工され、1876（明治9）年に開通した大阪・京都間の鉄道に架けられた錬鉄100フィートポニートラス*が現存する。一部を転用した道路橋の浜中津橋がこれで、淀川の十三大橋のすぐ横に架かっている。同じ形式のトラスは、1877（明治10）年に新橋・横浜間の六郷川橋梁の木造トラス（→P215）の架け替え用にイギリスから輸入されて架けられたが、このうちの一連が明治村に残されている。

1878（明治11）年に東京楓川に架けられた長さ約15メートルのボーストリングトラスの旧弾正橋は、一部が改造されて八幡《はちまん》橋の名前で地下鉄東西線の門前仲町駅近くの富岡八幡宮裏手に歩道橋として現存する。

明治維新とともに建設された初期の鉄橋は、蒸気機関車や鉄の船などとともに、新しい時代の到来を感じさせる文明開化のシンボルであった。

架設中の武庫川橋梁。神戸・大阪間に登場したわが国最初の鉄道用鉄橋、イギリスから輸入して1874（明治7）年に架設された。

出所：『新版日本の橋　鉄・鋼橋のあゆみ』朝倉書店、2012年

浜中津橋（大阪、錬鉄100ftポニートラス）。1874（明治７）年に京都・大阪間の鉄道を皮切りに100連以上がイギリスから輸入されたものの一部で道路橋に転用された（2015年撮影）。〔Ⅰ〕

六郷川鉄橋（明治村）。1877（明治10）年に新橋・横浜間の木造橋から架け替えられた錬鉄100ftポニートラス（2004年撮影）。〔Ⅰ〕

八幡橋（旧弾正橋、重要文化財）。1878（明治11）年に工部省赤羽工作分局で製作されたボーストリングトラスの錬鉄橋。幅員を狭め、床版《しょうばん》等を改造して移設された（2016年撮影）。〔Ⅰ〕

用語解説……**ポニートラス**●トラスの上縁を連結せずに、独立させたトラスで小規模な橋に適用する。

鋳鉄から錬鉄、そして鋼の時代

高炉法の出現

鉄を人類が手にしたのは紀元前1000年以上も前のことである。メソポタミアを征服した現在のトルコ中部に栄えたヒッタイト王国が最初の鉄器文化を築いた。しかし、刃物や矢じり、道具類などの小型金物から、橋のような大型のものにも鉄を使うことができるようになるには、さらに2000年を越える時間の経過が必要であった。

製鉄の歴史の中で、今日の鋼の時代につながる革新的な出来事は、14～15世紀頃の西ヨーロッパにおける高炉法の出現と、18世紀に入りイギリスで石炭製鉄が実現したことであった。高炉法によって鉄が溶ける1500度以上の高温をはじめて実現し、石炭製鉄は、不純物の影響を克服して豊富に産する石炭を燃料とすることで、安価な鉄を供給するようになった。

石炭製鉄がはじまる以前は、もっぱら不純物の少ない木炭が使われた。薪の入手のためにイギリスの森林が伐採され、住処を失った狼が絶滅した遠因は、製鉄用の木炭のための森林破壊があるという説もある。

世界で最初の鉄橋

世界で最初の鉄橋は、1779年にイングランド中西部のコールブルックデールの地で建設され、今もなお同じ場所にあるアイアンブリッジと呼ばれる鋳鉄製のアーチ橋である。

石炭製鉄は安価な鉄の供給を可能とし、コールブルックデールでは、流れ出る溶けた鉄を鋳型に流し込んで蒸気エンジンのシリンダー、シャフト、車輪などの機械部品、さらには、教会のドア、門扉、里程標、棺桶の蓋などいろいろな鉄製品が製造された。出銑量が増加すると、橋や鉄骨などの規模の大きなものにも鉄が適用されるようになり、その最初の事例がアイアンブリッジであった。

長さ約30メートルのアイアンブリッジのアーチリブは中央で分割された四分の一の円弧の部材として鋳込まれて、木工のようにホゾや楔《くさび》で一体に組み立てられた。

アイアンブリッジの建設が成功すると、ヨーロッパ各地で鋳鉄の橋が次々に架設されていった。

19世紀前半に大量輸送の手段が運河から鉄

アイアンブリッジ（イギリス、1779年、世界遺産）。世界最初の鉄の橋である。300tほどの鉄が使われた（2015年撮影）。〔I〕

道に移ると、蒸気機関車も重量化、高速化していった。震動の大きく重い機関車を通す鉄道橋の場合は、炭素を多く含む固くて脆い鋳鉄では、支えきれずに落橋事故も発生するようになった。19世紀中頃以後、鉄橋の材料には、鋳鉄よりも粘りのある丈夫な鉄*が使われるようになった。

錬鉄の出現

この粘りのある丈夫な鉄は、そもそも、より強力な大砲を造るための素材として軍事目的で着目されてきたものである。脆い鋳鉄では、爆発力を増すと大砲そのものが破壊してしまう。このため、高炉から出銑した炭素を多く含む鋳鉄を反射炉で再溶融して人力で撹拌することで炭素を取り除き軟らかく粘りのある鉄を生産する方法が開発された。この方法で生産された粘りのある丈夫な鉄が錬鉄である。舟の櫂（パドル）のような棒を使って人力で撹拌したことからパドル鉄とも呼ばれた。

錬鉄を生産する技術は、幕末の日本でも幕府や、佐賀、水戸、長州、薩摩などの諸藩の垂涎の的となった技術であった。１８５０年代に、長州、薩摩や江戸湾内の各地の台場に据えつけられた大

ディー川鉄橋の落橋（1847年）。ロバート・スチブンソンの設計したイギリス中西部のディー川をわたる鋳鉄道が、列車通行中に落橋して５名の死者が出た。これを契機に鉄道橋では鋳鉄の使用が禁止された。　出所：*The Illustrated London News* 記事

砲はほとんどが鋳鉄製や青銅製のものであったが、佐賀藩では、ペリー来航前の1850年に反射炉による錬鉄の生産に成功して、24ポンドカノン砲を製造した。この十数年後の戊辰戦争で投入された大砲は、すでに最新式のアームストロング砲を含む錬鉄の大砲に変わっていた。

欧米では、この錬鉄が19世紀中頃以降、鉄橋や船、建屋の鉄骨などの材料に用いられるようになり、この世紀末まで錬鉄の時代が続く。明治前期までに欧米から輸入して日本国内で建設された鉄橋はほとんどが錬鉄であった。

そして、いよいよ鋼の時代の到来である。鋼の生産はイギリスにおけるベッセマーの転炉法による製鋼法の発明以後の19世紀半ば過ぎである。1867年のパリ万博では、マルチンの平炉による製鋼法が発表され、次第に鋼の生産量が増加した。錬鉄が炭素をほとんど含まないのに対し、鋼は微量の炭素を含むことで、粘りや強度と硬さが調整された一種の合金鉄である。

用語解説……粘りのある丈夫な鉄●鋳鉄は伸びが少なく、破壊形式は脆性《ぜいせい》破壊といって、割れるように脆い。粘りはこれに相反する伸びる性質をいう。脆さよりも延性のある粘りをもつ性質が構造材料としての丈夫さに寄与する。

佐賀藩反射炉跡。佐賀藩築地（現在の佐賀市立日新小学校の場所）の地で1850年に国内初の反射炉による錬鉄の生産に成功し、大砲が製造された。こののち佐賀藩は幕府献上の江戸湾内の台場用を含み合計271門の大砲を製造した。〔I〕

錬鉄から鋼へ

19世紀後半のおよそ20年間は、錬鉄と鋼の両方が共存したが、鋼の技術革新の一方、生産工程を人力に頼る部分が多い錬鉄の生産は、需要の拡大に追い付けずに次第に時代に取り残されていった。ただ、A・G・エッフェル（1832〜1923年）のように橋梁技術者の中には、錬鉄から鋼への移行には慎重な考えをもつ技術者もあり、ポルトガルのマリアピア橋（1877年）、フランスのガラビ高架橋（1884年完成・1885年開通）といったこの時代を代表する橋や、フランスからアメリカに寄贈された自由の女神像の鉄骨（1885年）、そして、エッフェル塔（1889年）などはいずれも錬鉄が使われている。これらの構造物は錬鉄時代最後を飾ることとなった。

イギリスにおいて鋼の生産量が錬鉄を越えたのは1880年代の中頃で、その後両者の差は急速に開き、1890年には180万トンの錬鉄生産量に対し、鋼はその倍の360万トンに達した。

最初の本格的な鋼橋は、エッフェル塔完成の翌年の

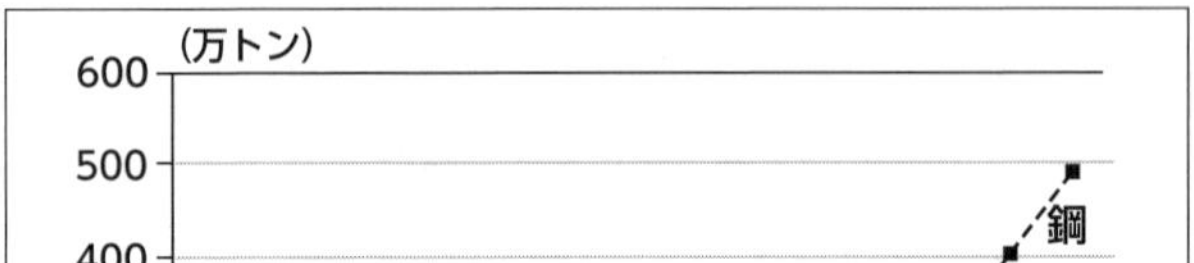

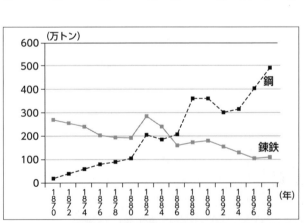

イギリスにおける錬鉄と鋼の生産量の推移。反射炉によるパドル鉄の生産から近代的な製鋼法への移行にともなって1880年代に製鉄所の再編が起こった。

出所：『鋼の時代（岩波新書）』（岩波書店、1964年）をもとに作図

錬鉄アーチのガラビ高架橋（フランス、1884年）。全長564.69m、アーチスパン165m、エッフェル設計、錬鉄は3169t、鋼41t、リベット約68万本（2015年撮影）。〔I〕

フォース鉄道橋（イギリス、1890年、世界遺産）。鋼重５万6000tが使われた本格的な鋼橋の第１号である（2015年撮影）。〔I〕

１８９０年に開通したイギリスのフォース鉄道橋である。これ以後20世紀に入ると、大量に生産される安価で強度の高い鋼は一気に錬鉄を引き離して普及していった。

日本で架設された最初の鋼橋は、１８８８（明治21）年に東海道本線に架けられたトラスの天竜川橋梁で、道路橋では、１８９７（明治30）年に隅田川に架けられたトラスの旧永代橋であった。天竜川橋梁の一部は、箱根登山鉄道の早川橋梁に転用されて現存する。

鉄鋼材料は、18世紀末から19世紀末までのほぼ１００年の間に、鋳鉄、錬鉄を経て鋼の時代を迎えるという急速な変化を遂げた。19世紀後半に入ってから近代橋梁の建設を開始した日本

旧永代橋。1897（明治30）年に最初の鋼道路橋として建設されたが、関東大震災で被災し現在のタイドアーチに架け替えられた。
提供：土木学会附属土木図書館

神子畑鋳鉄橋（重要文化財）。兵庫県の神子畑鉱山の採掘にともなって整備された、鉱石運搬の荷馬車の道路橋として、1887（明治20）年に建設された。国内で数少ない鋳鉄橋である（2015年撮影）。〔I〕

の鉄橋史は、神子畑《みこはた》鋳鉄橋等少数の例外があるが、概ね鋳鉄の時代を飛ばして、第2幕の錬鉄からはじまった。

鉄材加工の工場施設のはじまり

鉄材を大型の構造用材として切断、曲げ、鍛造、孔明け、組み立てるなどの加工は、日本の伝統的な技術にはなかった。これらの加工技術の導入は、幕末に欧米から導入された機械類をもとに設立された造船所からはじまった。

明治に入ると工部省の官営工場や、新橋と神戸に鉄道局の工場が設置された。鉄橋を国内で製作した最初の工場のひとつが、工部省赤羽工作分局であった。1878（明治11）年に東京で架けられた旧弾正橋はこの工場で製作された国産橋である。

赤羽工作分局は、1871（明治4）年に今日の東京タワーの近くにあった旧久留米藩邸の場所に、フランス人の土木技術者のL・F・フロラン（1830～1900年）の指導によって設置された製鐵寮にはじまる。フロランは、フランス人の海軍技師のF・L・ヴェルニー（1837～1908年）らと来日し、観音崎灯台をはじめ初期の灯台建設に従事した人物である。

この製鐵寮は、名称どおり製鉄を目的としたが、実際には、小物の鉄具などを製作する鉄工所であった。その後、鉄の部材類を加工する近代工場として設備が増強され、1883（明治16）年2月に海軍に移管されたときには、製図から、轆轤《ろくろ》、鍛冶《かじ》、製罐《せいかん》、仕上げなどの分野ごとの工場も整備され、機械139点を装備した近代工場となった。
　一方、現在のJR京浜東北線桜木町駅前場所にあった工部省の燈台寮は、R・H・ブラントンが1868（慶応4）年8月の来日以後、8年にわたり本拠地とした灯台建設の基地、鉄材加工も可能な近代工場であった。1868（明治元）年10月に着工され、翌年7月に事務所建屋まで完成し、明治6年までには、さらに拡張されて、煉瓦造の試験灯台が建築された。この燈台寮の工場で、国内で2番目の鉄橋で、国内初のトラス橋、吉田橋が製作されたものと思われる。

●国内生産のはじまり

鉄道橋から開始

国内における鉄橋の製作は、構造が簡単な

横浜にあったブラントンの燈台寮（明治初年頃）。燈台寮構内、試験灯台（上）、物揚場（下）の岸壁およびクレーン。

出所：『R・H・ブラントン　日本の灯台と横浜のまちづくりの父』横浜開港資料館普及協会、1991年

桁橋から徐々に開始された。新橋・横浜間の鉄道の開通に先立って、新橋工場が1871（明治4）年に開設された。この工場は主として機関車の修理、保全を目的としていたが新橋工場の分工場の六郷川岸分工場では1878（明治11）年頃からイギリスから輸入された錬鉄材によって桁橋の製作が行われた。1874（明治7）年に開通した大阪・神戸間の鉄道建設にともなって設置された神戸工場では、1877年頃より神戸・大阪間の木橋の架け替え用の桁橋の製作が行われた。

明治後期に入ると鉄道橋はアメリカ式の影響を受けるようになりトラスの格点構造*もイギリス式のリベット結合*からピン結合*が採用されるようになった。この頃から鉄道橋の製作が民間工場にも発注されるようになり、橋梁の国内生産は増加をたどった。最後の輸入鉄道橋は、1912（大正元）から1914（大正3）年に架設されたアメリカ製の陸羽線のトラスであった。

民間工場のはじまり

明治の近代工業は、国策としての政府による近代技術の導入を経て、払い下げによる民間企業による産業力へと発展の経過をたどる。これは造船、橋などの鉄材加工においても同じであった。

長崎造船所は1884（明治17）年に郵便汽船三菱会社が事業継承したが、その後、1887（明治20）年に払い下げとなり、1893（明治26）年に三菱合資会社三菱造船所と改称された。この工場は設備を拡張しつつ次々と鋼船を建造したが、明治末年までには船舶以外に陸用汽機、汽関、機械の製作および、鉄橋、家屋用鉄骨等の製作も行った。

用語解説……**格点構造**●トラスを構成する垂直、水平、斜めの各部材が集まって連結される場所の構造。
リベット結合●格点の連結板の穴に差し込んだ鋲の頭部を塑性変形させて連結する方法。剛結合。
ピン結合●1本のピンを各部材を貫通して連結する工法。部材はピンまわりに回転可能。

長崎造船所と同じように官営工場の払い下げを受けた橋梁関連会社として株式会社東京石川島造船所がある。1876（明治9）年に東京石川島に平野造船所を設けた後、さらに工場拡張から当時の横須賀製鉄所と同様に、1879（明治12）年に海軍省の管轄下にあった旧横浜製鉄所である石川口海軍製鉄所の借用を受けた。ここでは、機械、舶用機械を製造するほか、わが国では民間として最初の横浜の都橋《みやこ》（トラス、橋長：22・2メートル、1884年）が製作されている。

石川口製鉄所は、1884（明治17）年には閉鎖されて工場の設備、機械が東京石川島に移設された。この後、東京石川島造船所では船舶の製造をする傍らで横浜港大江橋（プレートガーダー、橋長：50・9メートル、1886年）、旧吾妻橋（トラス、スパン：48・8メートル、1887年）、お茶の水橋（トラス、橋長：69・8メートル、1889年）、厩橋《うまや》（トラス、スパン：60・8メートル、1893年）、湊橋《みなと》（トラス、スパン：32・9メートル、1895年）、永代橋（トラス、スパン：67・4メートル、1907年）などを次々と製作し、民間鉄橋メーカーのパイオニアの地位を築いた。

旧吾妻橋は都橋、大江橋の経験をもとに錬鉄をイギリスから輸入して製作をしたもので材料重量は340トンに上る大工事であった。

1878（明治11）年に石川島造船所に隣接した東京築地に設立された川崎造船所は、1880（明治13）年には、政府の払い下げを受けて兵庫にも造船所を設け、船舶、船舶用機械の製造を開始した。また、同年に大阪鉄工所（現日立造船）も創業した。川崎造船所は、石川島造船所とならい

鍛冶橋架道橋。川崎造船所で製作され、現在の東京山手線、京浜東北線の架道橋として1910（明治43）年に建設された。〔I〕

旧吾妻橋（1887年）。イギリスから材料の錬鉄を輸入して東京石川島造船所で製作された。

提供：土木学会附属土木図書館

んで明治末年までには、東京山手線の鍛冶《かじ》橋、呉服橋、第一および、第二有楽橋架道橋（プレートガーター／橋脚、１９０９年）などの鉄道橋の製作も行う有力な民間橋梁製作会社となった。

明治の後半から、大正、昭和初期には、造船系以外に橋梁専業系の会社が設立された。１９０６（明治39）年には横河橋梁製作所が、１９０８（明治41）年に宮地鉄工所、１９１４（大正３）年に東京鉄骨橋梁製作所の前身の清水組鉄工部、１９１９（大正８）年に日本橋梁株式会社、１９２６（大正15）年に駒井喜商店、１９３０（昭和５）年に松尾商店を前身とする松尾鉄管橋梁が創業した。

●製鉄技術のはじまり

最難関の製鉄技術

日本の工業近代化の中で、製鉄技術の自立は導入技術の中でも最も遅れたもののひとつであり、鉄橋の国産化を達成した後も輸入材に依存し、その産業的確立は20世紀に入ってからである。

製鉄技術の導入は、工部省によって１８７４（明治７）年に釜石鉱山、中小坂鉱山で開始された。イギリス人技術者のＪ・Ｇ・ゴッドフレイ、Ｗ・Ｊ・Ｂ・キャスリーらの指導に加え、イギリス留学より帰国した山田純安《やまだすみやす》を主任技師に迎えて25トン／日能力の高炉２基、パドル炉12基、スチームハンマー２基などが据えつけられ、１８８０（明治13）年９月に製銑を開始した。しかし失敗の繰り返しの後、１８８２（明治15）年には閉鎖の止むなきに至り官営の製鉄事業は大きな挫折を迎えた。

一方、1885（明治18）年には、閉鎖された釜石鉱山の払い下げを受けた田中長兵衛《たなかちょうべえ》が、木炭を燃料とした小型高炉を建設、翌年に銑鉄の試製に成功し、釜石鉱山田中製鉄所を創設した。その後、1894（明治27）年には、コークスを原料とする高炉製銑にも成功した。この田中製鉄所がわが国最初の近代的高炉製銑であった。

製鋼技術

製鋼については軍器、艦船の需要から陸海軍工廠によって1882（明治15）年に築地海軍兵器局でのクルップ式坩堝《るつぼ》製鋼が試みられたのが最初である。1890（明治23）年には横須賀海軍工廠《こうしょう》で重油を燃料とするフランス式のシーメンス炉が建設されて大量生産技術への道を開いた。また、1892（明治25）年には呉海軍工廠で3・5トン酸性平炉が設置されて艦船用の鋳鋼の製造が開始された。陸軍の大阪砲兵工廠でも1889（明治22）年に坩堝を、翌年には小型酸性平炉による製鋼を開始した。

陸海軍が中心となった技術の移入が進められた製鋼については世界のレベルに早くも達しつつあったが、小型高炉の銑鉄ではとても需要に答えることはできず海外に依存せざるを得ない状況に

釜石鉱山田中製鉄所のコークスによる製鉄（1894年）。

あった。１８８９（明治22）年での自給率は20パーセントに満たない程度であり、橋梁をはじめ機械その他のほとんどの工業製品については輸入の鉄材にたよっていた。

八幡製鉄所の操業

国内生産が軌道にのるのは八幡製鉄所の操業が開始されてからである。製鉄所の建設は、１８９７（明治30）年6月工事に着手され、１９０1年に第一高炉の点火が行われて生産に入った。当初年産6万トンの規模を計画したが日露戦争による需要増加もあり１９０6年には年産18万トンに修正され、さらに１９１1年には年産35万トンへ上方修正された。１９０7年には国内初の戦艦安藝が呉海軍工廠で竣工したが、この戦艦の全ての鋼材は、八幡製鉄所から供給された。この頃より八幡製鉄所は造船のほか、鉄道、建築、橋梁などへ鋼材の供給を順次すすめていった。

八幡製鉄所の操業が軌道にのると民間においても製鉄所設立の動きが出てきた。住友鋳鋼所は日本鑄鋼所を買収して１９０１（明治34）年に設立された。神戸製鋼所は１９１1年に小林製鋼所を買収して設立された。また、日本製鋼所は１９０7年に日英双方の出資によって室蘭に設立された。川崎造船所は１８９6年に創立したが兵庫工場内に製鋼所と中型圧延の事業を開始した。１９１2年には日本鋼管（現ＪＦＥ）が設立された。

20世紀初頭をもってようやく、自国で生産した鉄を用いて自前の技術で鉄船や鉄橋の製作が可能となった。これは、幕末にはじまった日本における半世紀を越える産業革命の成果である。鉄橋の建設技術は、水面上の氷山の一角で、これは水面下に没した氷山部分に相当する数多くの関連企業の創業と、産業の発展によって初めて成し遂げられたものであった。

旧日本鋼管トーマス転炉（川崎市等々力ミュージアム蔵）。1937（昭和12）年に導入され、戦後の1957（昭和32）年まで日本鋼管京浜製鉄所で稼動していた。〔I〕

コンクリート高架橋

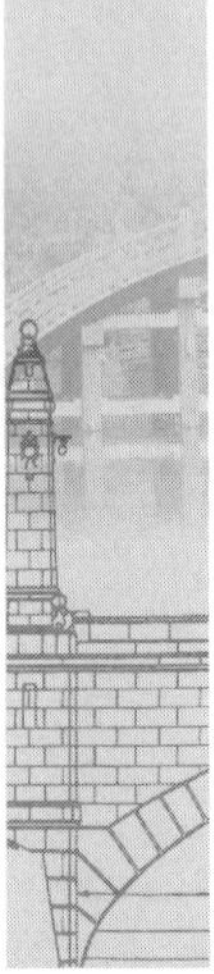

コンクリートのはじまり

「コンクリートから人へ」という表現があった。鉱物由来の無機物と、生命活動を行う有機物の人を結びつけることで、コンクリートやそれが関わる事業の時代は終わったという印象を与えることを狙った表現であろうか。しかし、もし仮に身の回りのあらゆる場所や施設から一切のコンクリートを消し去ったとしたら、それは人間社会の消滅を意味することは容易に想像できる。

コンクリートは鋼とともに、過去1世紀以上にわたり、橋やダムなどのいろいろな施設を形作り、人々の生活に深く関わりをもつ最も主要な社会基盤のための素材である。この役割は、社会のあらゆる場所で現在も継続している。

コンクリートは、近代になって自由な形に造ることのできる人造の石材として登場した。初めは、もっぱら目地や間詰め材として使われていたが、明治中期以後に基礎構造などコンクリート単体として使われるようになった。さらに、鉄筋で補強することでいろいろな構造物への適用の可能性を知った明治の日本人技術者の高揚感は大変なものであった。

鉄鋼資源のほとんどを海外に依存しなければならない日本にとって、国内で豊富に産する石灰を主材料とするコンクリートを用いることで、より経済的に橋などの社会基盤を作ることができることへの期待があった。さらに、技術者を駆り立てたのは、当時はコンクリートがヨーロッパで使われるようになってからまだ日が浅く発展途上の技術であったことである。

コンクリートの主材料のポルトランドセメントがヨーロッパで発明されたのは、１８４４年のことである。19世紀後半に西欧技術の導入によって近代化を開始した日本にとって、鉄を素材とする構造物の技術はすでに欧米で１００年近くの実績があり一方的に移入するほかなかった。これに対し、コンクリートはまだ開発途上の技術であり、欧米の背中がすぐ前に見える技術であった。

コンクリートとは、砂、砂利、セメントに水を加え、水と水和反応を起こして固化したセメントが、砂と砂利の粒子を接着して一体化したものである。明治から昭和初期まで、「混凝土」と表現されてきた。セメントは古くは古代ローマでも使われたが、これ以後近代になるまで使われることはなかった。

セメントが国内で初めて使われたのは、幕末にはじまった

コンクリートの作り方

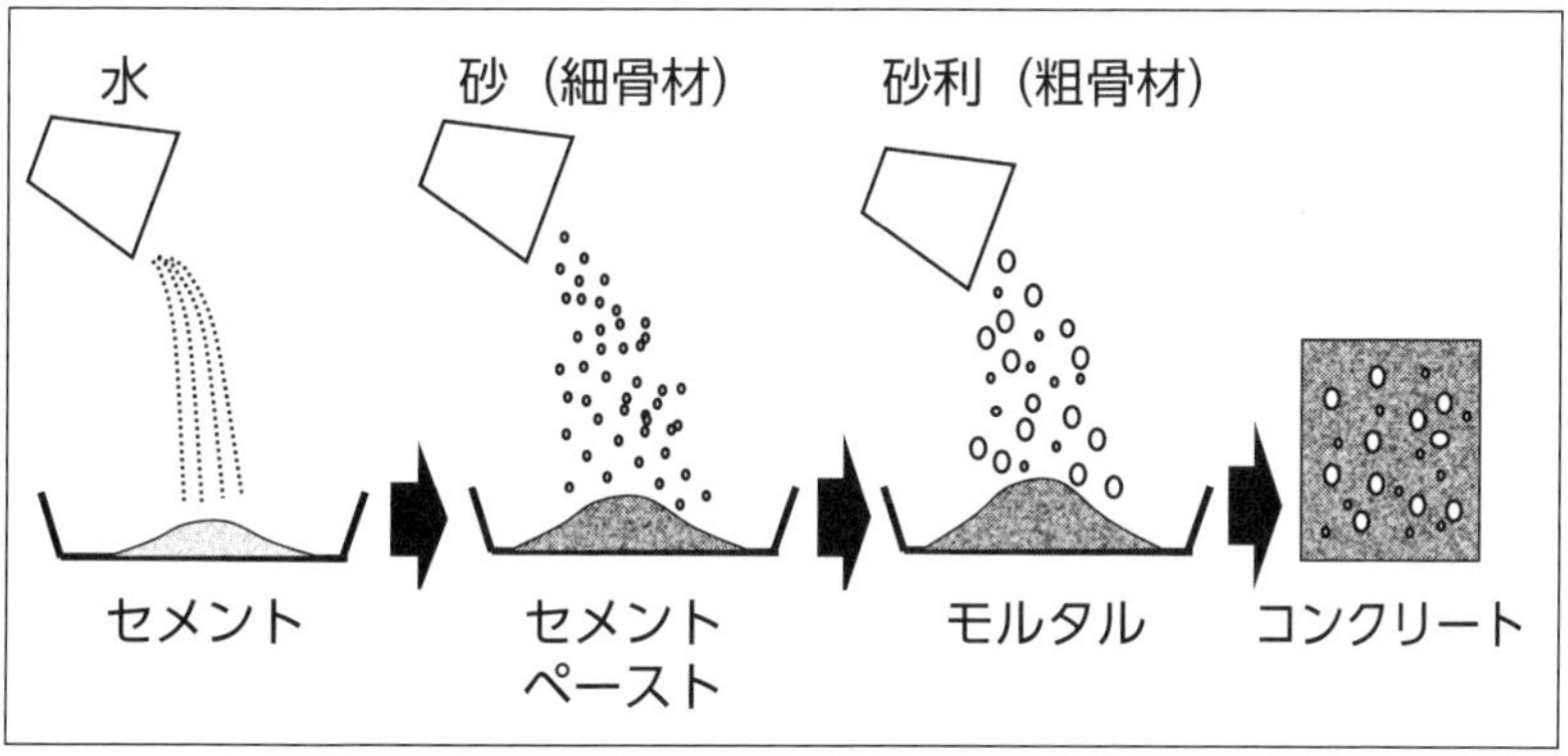

灯台の建設である。ヨーロッパで使われはじめたセメントが、わずか20年後の日本でも使われた。建築の分野でも、洋館の建築では、板ガラスとともに、ヨーロッパから輸入されたセメントが使われた。初期の鉄道建設では鉄、レンガとともに、セメントもすべて輸入に頼っていた。

国内のセメントの生産は、1871（明治4）年に設立された深川清住町の深川セメント製作所の設立にはじまる。1874（明治7）年には深川工作分局となり次第に生産量を増やしたが、国内の需要を満たすことはできずに、しばらくヨーロッパからの輸入も行われた。しかし、明治20年代末には、日本のセメント生産は早くも国内需要の全量をまかなった上で、海外にも輸出するようになった。工業製品の輸出としては最も早いもののひとつである。

●最初の鉄筋コンクリート橋

明治中期までには、コンクリートが構造本体にも使われるようになったが、まだ防波堤、護岸、橋台、橋脚、ダムなど重力式の構造物や、トンネル側壁などへ鉄筋を使用せずに用いられていた。

コンクリートは石材と同様に、圧縮力に対して強いが、引張に対しては弱い性質をもつ。このコンクリートに引張抵抗力をもつ鉄鋼を組み合わせることで優れた構造的特性を付与したものが鉄筋コンクリートである。

コンクリートを鉄筋で補強する方法は、19世紀中頃のフランスで登場した。1867年には、内部に金網を入れてコンクリートの植木鉢を補強する方法で特許がとられ、住宅や舟などにも鉄筋コンクリートが使われた。

世界初の鉄筋コンクリート橋は、1873年にフランスで架けられた長さ15・6メートル、幅4・2メートルのアーチであった。国内ではこの28年後の1903(明治36)年に、琵琶湖疏水の山科運河に架けられた長さ7・5メートル、幅約1・2メートルの鉄筋コンクリート橋の日ノ岡第11号橋が最初である。

●高まる鉄筋コンクリートへの関心

19世紀末から20世紀にかけて国内では、鉄筋コンクリートへの関心が非常な高まりを見せた。当時の欧米における鉄筋コンクリートの技術動向は、日本人技術者の熱い視線をもって注視された。これは明治初年から経験してきた欧米ですでに十分な実績をもつ技術導入のための注視ではなく、日本も開発側に立つ可能性を探るものであった。

明治後半には欧米留学や視察で得られた鉄筋コンクリートの技術動向が国内でもたらされた。土木学会で開催されたコンクリート技術に関する講演の記録をたどると、講述内容と活発な質疑応答の様子から、技術動向の把握に必死となっていた技術者たちの熱気が感じられる。

東京帝国大学の工学部では、鉄筋コンクリートの講座も開設され、1906(明治39)年には、国内で最初の鉄筋コンクリートの教科書である、『鉄筋コンクリート』(井上秀二著)が発刊された。

欧米からのコンクリート情報の導入

1904（明治37）年には、日ノ岡第11号橋から数百メートルほど上流側の天智天皇陵裏手付近で、国内初の鉄筋コンクリートのアーチ橋、日ノ岡第10号橋が架けられた。両橋とも現存する。第10号橋は、支点付近のスパンドレルにひび割れが発生して補修がされ、パイプの高欄《こうらん》が追加されているが、籠手形（多中心アーチ）のエレンガントなアーチ姿を今なお伝えている。

明治後半における欧米の鉄筋コンクリート技術の伝道師のひとりに直木《なおき》倫《りん》太郎《たろう》（1876〜1943年）がいる。直木は、後年の関東大震災後の復興事業では、後藤新平の要請を受けて復興局の局長として関東大震災復興事業の指揮をとった人物である。直木倫太郎は、大学を卒業して東京市に奉職した2年後の1901（明治34）年8月から1903（明治36）年12月までの2年数か月にわた

日ノ岡第10号橋（京都市山科区）。1904（明治37）年に架けられた国内初の鉄筋コンクリートのアーチ橋（2016年撮影）。〔I〕

り、港湾調査を主たる目的として欧米に滞在した。まだ弱冠26～27歳の若きエンジニアであった。

直木の欧米遊学は、港湾計画に関する調査が主たる目的であった。帰国後、主務に関する港湾調査については「東京築港ニ関スル意見書」としてまとめ、1904（明治37）年に東京市参事会尾崎行雄市長へ提出した。

港湾計画の調査と同時に、当時土木建築界において急速に適用事例が増えつつあった鉄筋コンクリート技術の動向について、防波堤をはじめとする港湾分野の事例を中心に詳細な情報収集や実構造物、工事等の視察を行っている。

この成果は、1904（明治37）年に土木学会において「海工ニ於ケル鐵筋混凝土ノ應用」と題して講演が行われ、『工学会誌　270号』（1905年1月）に講演内容が掲載された。さらに「鐵筋混凝土ノ価値」と題し工学会誌で、鉄筋コンクリー

「戦前土木名著100書」（土木学会）のコンクリート関連技術書

No.	書　名	著　者	発行所	発行年
1	鉄筋コンクリート	井上 秀二	丸善	1906年
2	土木施工法（第三章混凝土）	鶴見 一之・草間 偉瑳武	丸善	1912年
3	土木工学 中巻（第六編混凝土）	川口 虎雄ほか	丸善	1916年
4	鐵筋混凝土の理論及其応用 上・中・下巻	日比 忠彦	丸善	1916年～1922年
5	鐵筋混凝土工学	阿部 美樹志	丸善	1916年
6	鋼拱橋及鉄筋混凝土拱	二見 鏡三郎	工学社	1917年
7	最近上水道	森 慶三郎	丸善	1923年
8	鐵筋コンクリート設計法	吉田 徳次郎	養賢堂	1932年
9	土木施工法−土工・基礎工・混凝土工	谷口 三郎	常磐書房	1933年
10	鐵筋コンクリート理論	福田 武雄著	山海堂	1934年
11	土木工学ポケットブック上巻　（八編コンクリート及鐵筋コンクリート）	土木工学ポケットブック編集会編	山海堂	1936年
12	コンクリート及鐵筋コンクリート施工法	吉田 徳次郎	丸善	1942年

明治末から大正、昭和初年に続々と、鉄筋コンクリートの図書が発行された。

「戦前土木名著100書」のうち、コンクリート関連は12冊を占める。

ト技術の欧米における状況を報告し、鉄筋コンクリート技術の特性について述べている（『工学会誌　272号』1905年3月、『同273号』同年4月、『同276号』同年7月）。

直木倫太郎は、当時の土木の各分野に共通する一大関心事であった鉄筋コンクリート技術に関して、欧米における技術の適用、理論、施工などの課題や工法としての特性を整理した上で、わが国の土木技術発展の視点から鉄筋コンクリート技術への取り組みを積極的に進めることを提言している。欧米遊学期間中に見聞した直木の鉄筋コンクリートに対する視点は、土木分野全体を対象とする鉄材に代わりうる有効な工法として、積極的にわが国が開発に乗り出すべきことを次のように述べている。

「鉄材産出の欠乏するわが国の如きにありて、百般の工事上能くその使用を節し代わるに産額豊富のセメントをもってし得るか如き新工法の普及すると否とは、之れまさに国家経済上の利害に関する問題たるのみならず、同時に各個の工事に就いて其工事経済上の得失に影響するもの亦実に妙なからじ、況や其用途広大なるは殆ど土木、建築二界の全班に亘りて余さず、その価値の顕著なるは能く鉄材以外の諸建築材料にも代用し得て、等しく各者の不利を補い得べきものあるおや」

土木建築分野における鉄筋コンクリートの適用の利点としては、高価な鉄材に代わる強度の高い材料であることによる経済性があり、日本のように鉄材の生産の少ないところでは経済性に優れる工法であるという利点にまず直木は着目している。

この鉄筋コンクリート技術導入への強い関心を支えたのは、鉄筋コンクリートがまだ発展途上にある技術であって、それゆえにわが国がこの技術の開発に参画するチャンスであると捉える考え方があった。この点について直木は以下のように述べている。

「……今日鉄筋コンクリートが尚一個の半成品たるに止まり、未だ其発達の完備を以って許す能はざるもの、之一方却て我が工学界をして大いに之に乗ぜしむべきの機を為すものに非ずや其の理論的研究、其の施工法の改善、将た新方式の考案、新用途の探討の如き、夫れ何れか多大の趣味をもって今日、斯界を刺激し活動せしむべき好題目たらざる況や　更に之を我が国諸般の稽へ、我特種の材料に徴し、専ら其の経済的利便を旨として之に附するに新生命をもってすべきにおいておや　鉄筋コンクリートに関する応用と研究と茲に於いてが、今日大いに我が工学界一般の注意を惹くべき理由ありと信ず」

欧米で未だ発展途上にある鉄筋コンクリート技術の研究、開発にわが国も参加することで、明治初年より欧米ですでに完成された技術を一方的に導入してきたわが国の土木技術の後進性からの脱却を考えたのである。

明治後半から末年の、鉄筋コンクリート技術の導入・消化と自らの技術開発は、大正から昭和にかけて開花することになる。1914（大正3）年には、まず鉄道分野で「鉄筋コンクリート橋梁《きょうりょう》設計心得」が制定され、その後の標準設計とともに、鉄筋コンクリート橋の実務技術が整った。

●鉄筋コンクリート技術の実践

これにともなって新線建設では鉄道のアーチやラーメン*高架において傑出した事例が出現した。東京・御茶ノ水間（1918年）、神田・上野間（1925年）のコンクリートアーチ橋はその先駆けである。昭和に入ってからの鉄筋コンクリートの連続高架橋としては、大阪臨港線高架橋（1928年）、横浜鶴見臨港鉄道鶴見・国道間（1930年）、東海道本線三ノ宮・神戸間高架橋（1931年）、総武線御茶ノ水・両国間（1932年）、山陰本線須佐・萩間惣郷《そうごう》川橋梁（1932年）、土讃線安和・土佐新荘間第二領地（1938年）などがある。

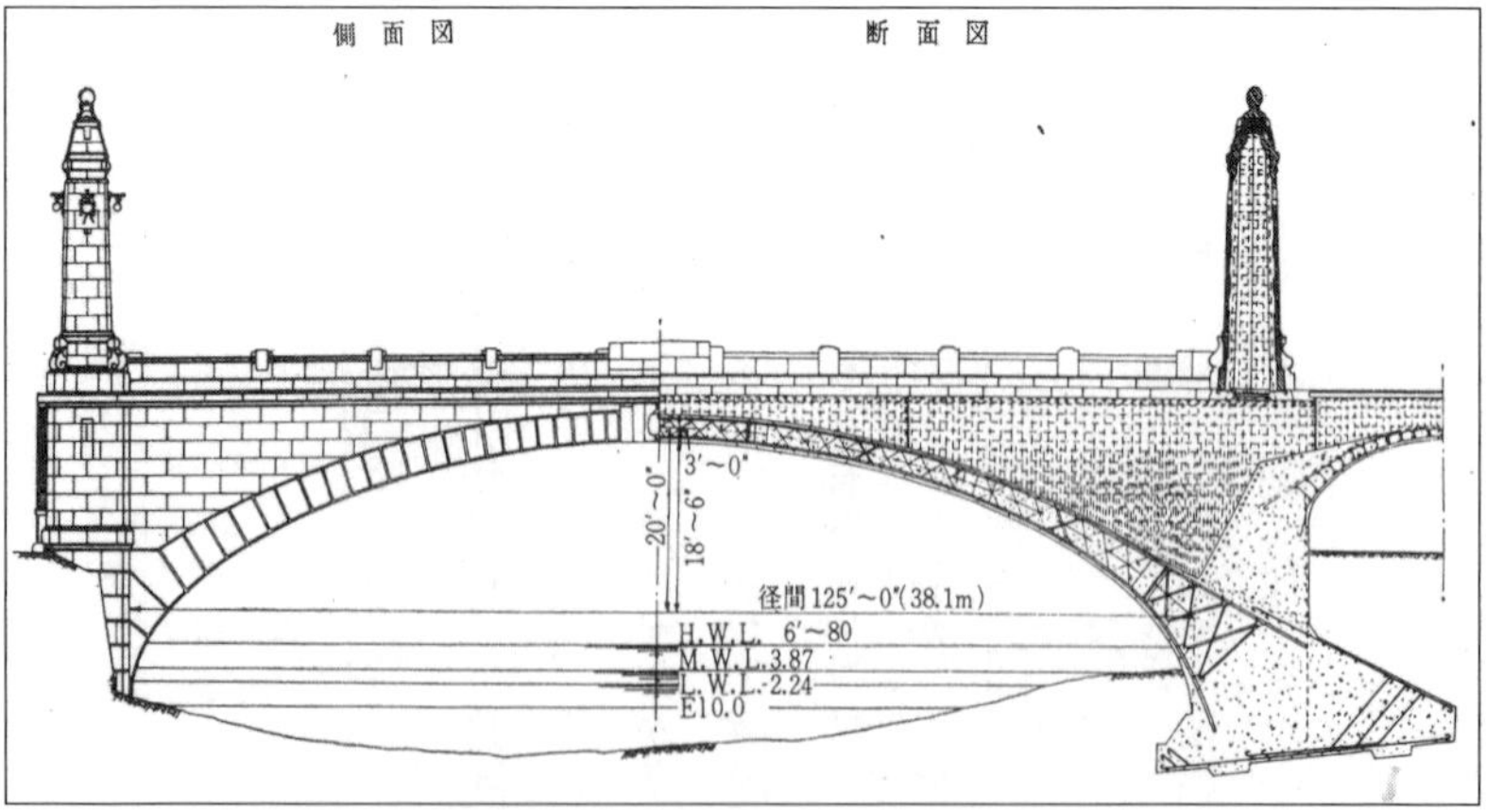

東京・御茶ノ水間の外濠アーチ橋図面。 出所：『日本土木史　大正元年～昭和15年』土木学会、1965年

用語解説……ラーメン●桁と脚（柱）を剛結構造とした骨組みの構造形式。骨組みを意味するドイツ語に由来。

神田・上野間の神田川アーチ橋。1925（大正14）年に完成（2016年撮影）。〔I〕

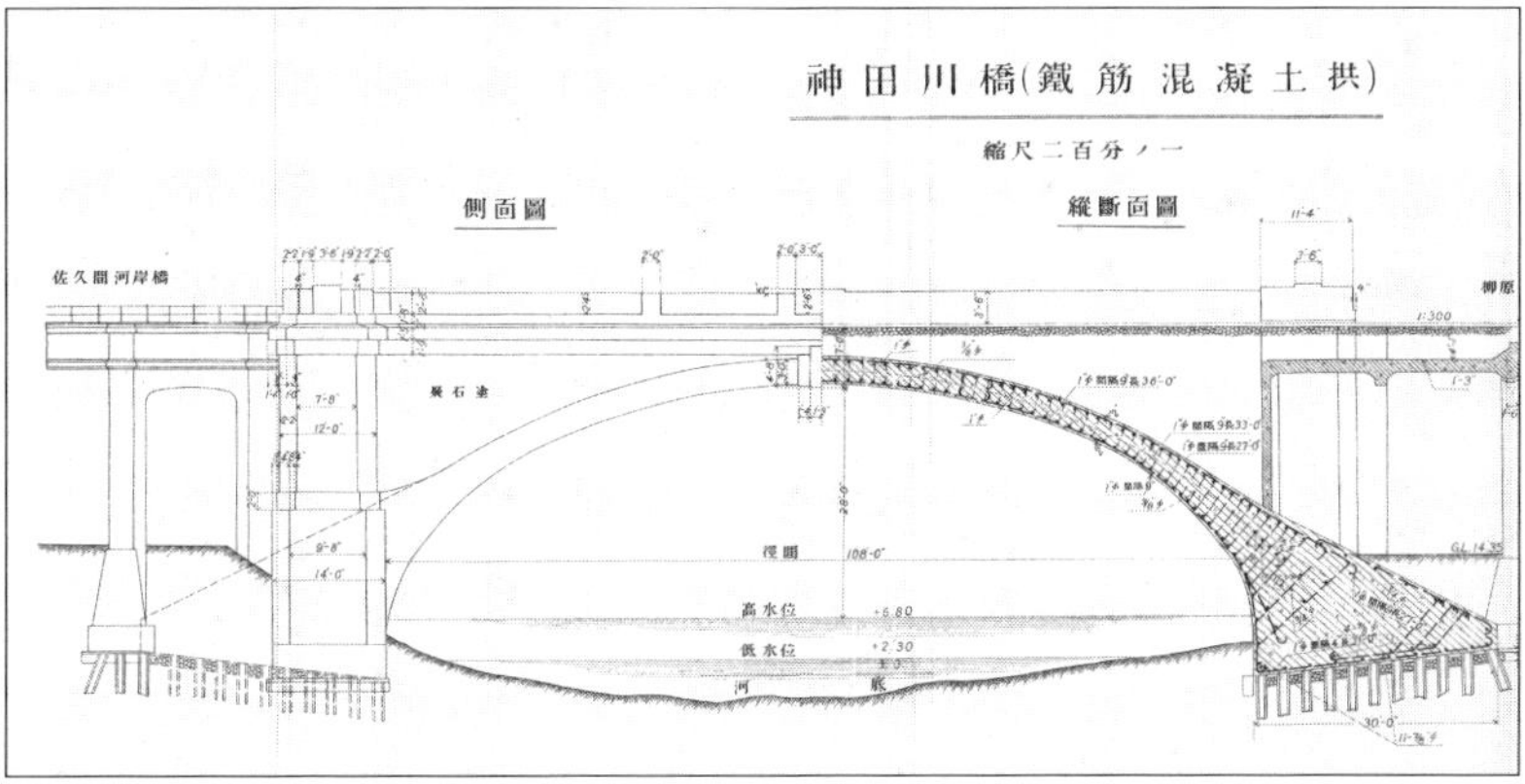

神田・上野間の神田川アーチ橋図面。　出所：『東京市街高架線東京上野間建設概要』鉄道省、1925年

外濠アーチ橋、神田川アーチ橋

大正初年は第一次世界対戦による鋼材不足が深刻となり、長いスパンに対しても鉄筋コンクリートアーチ橋が適用されるようになった。1918(大正7)年には、東京・御茶ノ水間にスパン38・1メートルの3径間鉄筋コンクリート構造の外濠アーチ橋が建設された。この橋は意匠的にも配慮された橋で、表面に花崗岩を張りつけ、4隅に高さ10メートルもの親柱が設けられ重厚な橋である。現在も山手線を通す橋として現役であるが、東京駅から神田方向に向けて日本橋川を越える場所であるため、直上には川筋を走る首都高速道路が覆い、さらに東京駅の丸の内側で上方に付け替えられた中央線が上空を通過しており、シンボルであった親柱は撤去され、橋本体はほとんど見えない状態となっている。

神田・上野間の神田川アーチ橋は、1925(大正14)年に完成したスパン32・9メートルの鉄筋コンクリート構造の橋である。秋葉原の万世橋に立って下流側を臨むと神田川を山手線が越える神田川アーチが見える。この鉄筋コンクリートアーチ橋の設計、施工も外濠アーチ橋とともに、大正年間で、鉄筋コンクリート橋の技術が欧米と比肩できる段階に達していたことを示している。

横浜鶴見線高架橋

道路と立体交差する鉄道高架橋のはじまりは、山手線の新橋・有楽町付近のレンガアーチである。これに対して、鉄道高架橋に鉄筋コンクリートが使われた初期の例として、横浜の鶴見線臨港

横浜鶴見線高架橋。1926（大正15）年に完成（2010年撮影）。〔I〕

鉄道がある。

現在のＪＲ鶴見線の鶴見駅は、地上レベルの京浜東北線ホームの階上の山側に位置し、頭端《とうたん》式のプラットフォームである。鶴見駅を出ると、横浜方向に京浜東北線と並行して山側を走り、総持寺の前を過ぎたあたりで、京浜東北線、東海道線の上を越えて、海側へカーブする。この京浜東北線、東海道本線と並行する区間と次の国道駅付近が鉄筋コンクリート高架橋となっている。

鉄筋コンクリートの柱を林立させて高架を構成する方式は、今では新幹線や在来線でよく目にする構造形式であるが、鶴見線の高架橋はこの元祖といえる。鶴見線の開業は１９２６（大正15）年で、鶴見臨港鉄道として浜川崎駅と弁天橋駅の３・５キロメートル、支線数キロの部分が貨物線として供用された。

この沿線には、日本鋼管鶴見製鉄所（現ＪＦＥエンジニアリング）、浅野造船所（現ユニバーサル造船）、芝浦製作所（現東芝）やその関連工場もあり、鶴見線は京浜工業地帯の動脈であった。

京浜東北線とつながったのは、１９３０（昭和５）年で、鶴見線の鶴見駅は現在の場所から１００メートルほど手前に仮駅として開業した。戦後旅客専用線となった鶴見線は、貨物の輸送から京浜工業地帯の工場に通う旅客の輸送に切り替わった。鶴見駅から東海道本線、京浜東北線を越えて次の国道駅まで連なる連続高架橋は、レトロな雰囲気をその高架下に残している。

国道駅まで連なる横浜鶴見線高架橋の桁下（2010年撮影）。〔I〕

御茶ノ水・両国間の高架橋

中央線と総武線をつないで、京浜東北線と乗り換え連絡のために建設されたのが御茶ノ水駅から秋葉原駅を経て両国駅までの全長３・６キロメートルの高架橋であった。この区間は、ラーメン橋脚で支えられた神田川橋梁や、秋葉原駅付近の国内初の複線用のタイドアーチの松住町架道橋、昭和通り架道橋、ランガー桁*の隅田川橋梁などの鋼橋を除けば、ほとんどが高さ14〜16メートルの鉄筋コンクリートのラーメンや、アーチ構造の高架橋であった。

用語解説……ランガー桁●アーチの形式のひとつで、アーチリブ（→P59）は軸力のみを分担する。

竣工時の旅籠町《はたごちょう》高架橋（御茶ノ水・秋葉原間）。

出所：『御茶ノ水両国間高架線建設概要』鉄道省、1932 年

現在の旅籠町高架橋（2016年撮影）。〔I〕

秋葉原駅西口橋梁。現在は商業ビルが隣接しており高架橋の外観は見ることはできない。

出所：『御茶ノ水両国間高架線建設概要』鉄道省、1932 年

御茶ノ水から秋葉原に向かって鋼タイドアーチを過ぎる場所からはじまるのが長さ151メートルの連続アーチ構造の旅籠町《はたごちょう》高架橋である。この高架橋は現在では桁下にびっしり「入居者」がおり、往時の連続アーチの全景を見通すことはできない。

この区間を含め高架橋の全長にわたって目につくのは、完成後90年近くたつ劣化したコンクリートの肌とともに、この入居者である商業施設やその看板、電線、標識などである。コンクリート桁下の居酒屋などの商業施設は、渾然一体となって猥雑さと一種のハーモニーを作り出している。インフラ施設と商業施設の醸し出すいわゆる「ガード下」のこの独特の雰囲気は、欧米諸国にも、アジア諸国にもない。アジアでは比較的早くからインフラ整備の進んだ日本の都市部のみにある。過去、現在の街の人々の暮らしがこの鉄筋コンクリート高架橋とともにある。

秋葉原駅からすぐ御茶ノ水側に隣接する高架が、鉄筋コンクリート連続ラーメン構造*の秋葉原駅西口橋梁である。長さは118メートルある。この高架も現在では両側を商業施設の建物が隣接して高架橋の側面を見通すことはできない。秋葉原駅の東側から昭和通りまでの区間も、同じ連続ラーメン高架である。

佐久間町橋梁は、昭和通りから浅草橋駅に向かう285メートルの区間の連続アーチ高架橋である。この区間も現在では桁下に飲食店や様々な入居者の建物が嵌まり込んで、アーチ円弧の連なり全体を見通すことはできない。この連続アーチを過ぎると、浅草橋駅まで約400メートルの区間はいくつかの桁を挟んで連続ラーメン構造の高架橋である。

用語解説……連続ラーメン構造（高架橋）●ラーメン（↓P135）を2つ以上連続した構造（高架橋）形式。

工事竣工時の佐久間町橋梁。

出所：『御茶ノ水両国間高架線建設概要』鉄道省、1932年

現在の佐久間町橋梁（2016年撮影）。〔I〕

竣工時の浅草橋駅（連続ラーメン）。

出所：『御茶ノ水両国間高架線建設概要』鉄道省、1932年

現在の浅草橋駅（連続ラーメン）（2016年撮影）。〔I〕

山陰本線須佐・萩間惣郷川橋梁

惣郷川橋梁は、山口県の日本海沿岸を走る山陰本線が、島根との県境近くで白須川河口をわたる全長189メートルの鉄筋コンクリート高架橋である。この高架橋のある鉄道区間は、山陰本線の最後の建設区間で、高架橋の建設は、1931（昭和6）年に橋脚基礎から開始され、翌年に完成した。

この高架橋は、斜めの部材のない格子のみで構成する3径間2層の連続ラーメン構造である。鶴見線や御茶ノ水・秋葉原間の高架橋とともに、この新しい構造の採用には、昭和初期の建設材料や施工技術の発達と同時に、設計技術の発達によって複雑な構造計算が可能となったことも背景にある。

やや足を広げた橋脚柱で支えられた惣郷川橋梁は、ゆるい円弧を描いて河口の上を越えている。

山陰本線須佐・萩間惣郷川橋梁（2008年撮影）。〔I〕

第二領地橋梁

第二領地橋梁は、1938（昭和13）年に土讃線安和・土佐新荘間に完成した国内初の鉄筋コンクリート開腹アーチの高架橋である。開腹アーチとは、文字通り、アーチと路面で挟まれたスパン

第二領地橋梁（土讃線、1938年開通）。国内初の鉄筋コンクリート開腹アーチ（2015年撮影）。〔I〕

ドレルと呼ばれる部分に隙間が開いている形式をいう。

この橋は、河川や道路などの障害物をまたいでその上を越えるというよりも、山が迫る海岸線を走る鉄道を湾奥部の切り立った斜面に沿って通すための高架陸橋である。

全長約108メートルのこの橋は、高知側からの3径間はスパン25メートルのアーチであるが、4径間目は、方杖ラーメン*となっている。

4径間目もアーチとするには、径間中央の斜面の岩をより急傾斜となるように掘削をしなければならないことから、これを避けて方杖ラーメンが採用された。

アーチのスパンが25メートルであるのに対して、ライズが7メートルもあり、ゆったりとした放物線のアーチ曲線は、背後に迫る険しい斜面とコントラストを見せている。

用語解説……方杖ラーメン●橋脚（柱）を斜めに傾斜させて桁と連結したラーメン構造。

橋事情余話

東京日本橋川の一番橋「豊海橋《とよみ》」

隅田川に注ぐ支川の最下流の橋を、それぞれの支川の一番橋という。日本橋川の場合は、この豊海橋が一番橋である。総武線水道橋駅の近くで神田川から分かれた日本橋川は、隅田川まで約4キロメートルの長さを首都高速道路の桁下を流れ、永代橋付近で隅田川に注ぐ。隅田川と合流する直前に架かるのがこの豊海橋である。日本橋川の玄関口のこの橋は、大川（隅田川）に対して、日本橋川の存在を主張しているようでもある。

初代の豊海橋は、1698（元禄11）年に、隅田川の永代橋と同時期に架設された木造橋である。橋が完成した数年後には、討ち入りを果たした赤穂浪士《あこうろうし》が、現在のJR両国駅のすぐ南あたりにあった吉良邸から高輪の泉岳寺までの途中、永代橋そしてこの豊海橋をわたっている。

豊海橋の界隈は、人や物の行き来の多い場所で

フィレンディールと呼ばれる形式の豊海橋。〔I〕

隅田川から見た豊海橋。〔I〕

あった。江戸湾から上る舟運は、豊海橋の桁下を通って、各地の産物を日本橋あたりに連なる問屋の蔵に運び込む。川向こうの深川八幡をお参りした人々は、永代橋、この豊海橋を通り、大川端を散策した。

平岩弓枝原作の時代劇『御宿かわせみ』の場所は、この豊海橋のたもとという設定である。『鬼平犯科帳』には、豊海橋北側の橋のたもと付近にあった番所やそこに詰める同心が登場する。

現在の豊海橋は、大正末に着工され、1927（昭和2）年に完成した鋼橋である。橋長は46・3メートルで、幅員は片側に歩道があり全幅8メートルである。この橋の特徴は、フィレンディール橋*という格子状の構造で、三角形が基本のトラスと違ってシンプルな外観である。その分、部

用語解説……**フィレンディール橋**●水平方向と垂直方向の部材が剛結合されて梯子状を構成するラーメン構造の一種。

材がやや太目でがっしりした感じがする。

　橋の中ほどから隅田川を見ると、永代橋が目に入る。橋詰めにある石碑に永井荷風の日記『断腸亭日乗』の一節が刻まれている。

「豊海橋鉄骨の間より斜に永代橋と佐賀町辺の燈火を見渡す景色、今宵は名月の光を得て白昼に見るよりも逍画趣あり。満々たる暮潮は月光をあびてきらきら輝き、橋下の石垣または繋がれた運送船の舷を打つ水の音また趣あり」

豊海橋の橋詰の石碑。〔I〕

谷間に架かる立山信仰の布橋。

提供：富山県

5

伝説と物語

橋はいつも人々の身の回りにあって、日々の生活の舞台となってきた。橋は隔てられた場所を物理的につなぐ役割をもつが、同時に意識上のつながりや、隔絶された場所や境界、区切りなどの象徴としても受け取られてきた。

橋はその規模の大きさから、姿形が物心両面において人々に大きな影響を与えてきた。橋があるがゆえに、人が集まり、歴史が刻まれ、物語が生まれる。伝説や迷信、あるいは小説の中の橋を通して、日本人の橋に対する意識が見える。

ここでは、夏目漱石の小説の中から橋の関わりを読み取り、さらに、昔から伝わる伝説、迷信、あるいは橋をめぐる史実を通して、日本、日本人の橋に対する意識をたどる。

夏目漱石の小説と橋

●「倫敦塔《ロンドン》」の中のタワーブリッジ

夏目漱石の作品で、橋そのものを主題としたものはないが、橋の視点に立って作品の中でイメージを膨らませることも興味深い。ここでは短編「倫敦塔」を見てみる。

橋は障害物を越えてある場所と他方を物理的に結ぶ施設であることはいうまでもない。架けわたして結ぶ、ということは隔てられ行き来ができなかったことへの対抗手段であるが、逆にもともとは、その場所が隔てられていた場所、相互に異質の場所であることを印象づける効果もある。神社の橋は、鳥居と同様に結界として聖俗の領域を分ける端境《はざかい》である。大和絵の絵巻物で描かれる複数の場面を隔てる「すやり霞」というたなびく霞も、区切りのサインであり、日本家屋の襖や障子、床の間の段差なども同様である。橋がもつ区切り効果は、空間だけでなく、時間を隔てた意識のジャンプのための舞台装置としても使われる。

テムズ川南岸から見た対岸のタワーブリッジ。左端にロンドン塔が見える(2016年撮影)。〔I〕

この例を漱石の短編「倫敦塔」で描かれたタワーブリッジに見ることができる。

夏目漱石はビクトリア期末期のロンドンで、30代前半の2年余りを過ごした。文部省給費留学生として、1900（明治33）年9月8日に横浜を発ち、パリ経由ビクトリア駅でロンドンの地を踏んだのは、同年10月28日（日）のことであった。

漱石日記によれば、漱石はロンドン到着4日目に、ロンドン塔の見物に出かけている。「10月31日（水）Tower Bridge, London Bridge, Tower, Monument ヲ見ル。夜美野部氏ト Haymarket Theater ヲ見ル。Sheridan ノ School for Scandal ナリ。」とある。漱石の「倫敦塔」では、その書き出しで「二年の留学中只一度倫敦塔を見物した事がある」とあるが、この時の見物が下敷きになっているといわれている。

「倫敦塔」では、「倫敦塔の歴史は英国の歴史を煎じ詰めたものである」としてイギリスの歴史を述べるにあたり、筆者の意識は、20世紀からタイムスリップしていく。この現在から歴史上の時代を隔てるものとして、タワーブリッジを据えている。「倫敦塔」では、テムズの南側からタワーブリッジをわたり、ロンドン塔に至る設定となっている。

「この倫敦塔を塔橋の上からテームズ河を隔てて目の前に臨んだとき、余は今の人か将《は》た古《いにし》えの人かと思うまで我を忘れて余念もなく眺め入った。……余はまだ眺めている。セピヤ色の水分を以て飽和したる空気の中にぼんやり立って眺めている。20世紀の倫敦がわが心の裏《うち》から次第に消え去ると同時に眼前の塔影が幻の如き過去の歴史を我が脳裡に描きだしてくる。…しばらくすると向こう岸長い手を出して余を引っ張るかと怪しまれてきた。今まで佇立《ちょりつ》して身動きもしなかった余は急に川を渡って塔に行きたくなった。長い手はぐいぐい牽く。塔橋を渡ってからは一目散に塔門まで馳せ着けた」

タワーブリッジを南岸からわたりながら左手前方に見たロンドン塔（2016年撮影）。〔I〕

筆者は、2人の若き王子や美しいジェーン・グレイ嬢などの歴史上の人物が幽閉され断頭台の露と消える牢獄の時代の倫敦塔に入って行く。筆者が倫敦塔の門をくぐる前にわたったタワーブリッジは、当時、1894年6月30日にテムズ川の最下流に開通した橋であった。タワーブリッジは、蒸気エンジンを動力として中央の桁が跳ね上がる跳開式可動橋*で、両側は吊橋構造である。ロンドン港は、今日では再開発されたタワーブリッジよりも下流側のドックランドと呼ばれる一帯にあった。港を越えてさらにテムズ川の上流にさかのぼる船のために、橋の中央の桁は開くようになっていた。橋脚上にそびえ建つ塔は、両側が吊橋であるためにケーブルで支

用語解説……跳開式可動橋●桁の一方を支点として跳ね上げることで桁下の高さのある船などの通行空間を確保する可動橋の形式。

える構造上の必要性によるもので、必ずしもロンドン塔の際にあるから塔を無理やり設けたものではないようである。

塔はチェーンケーブル*の水平反力が作用するので、これを支えるために塔は頂部で相互に2本の桁でつながれている。塔は石造《せきぞう》に見えるが、内部には鉄骨が組まれてゴシック調に石材を表面に貼り付けている。

「倫敦塔」の設定のように、テムズの南側からタワーブリッジをわたりながら北側のロンドン塔を眺めても、景観的には、ロンドン塔の存在は非常に小さい。これはわたっている全長244メートルの橋の規模、視点の上方を覆うチェーンケーブルとそれを支える高さ65メートルもある重厚な塔とそれらをつなぐ2本の桁が圧倒的な存在感を示すからである。遠くに見える高さ27メートルのロンドン塔は背景に過ぎず、なかなか漱石の倫敦塔のような「見え方」にはならない。これはグーグルマップのストリートビューをテムズ南側から北へ向けて見るとわかる。

イギリスの歴史を知り、それが凝縮した場所がロンドン塔であるとの意識をもってタワーブリッジをわたらないと、わたりつつある手前の巨大タワーブリッジを差し置いて、「倫敦塔」の描写のようには見えない。イマジネーションが必要である。

●「三四郎」の中の舞台背景としての旧揖斐川橋梁《いびがわきょうりょう》

「うとうととして目がさめると女はいつのまにか、隣のじいさんと話を始めている。このじいさんはたしか前の前の駅から乗ったいなか者である。発車まぎわに頓狂《とんきょう》な声を出して駆け込んで来て、いきなり肌をぬいだと思ったら背中にお灸のあとがいっぱいあったので、三四郎の記憶に残っている。じいさんが汗をふいて、肌を入れて、女の隣に腰をかけたまでよく注意して見ていたくらいである。女とは京都からの相乗りである」

これは、三四郎が大学に入学するために上京する列車の車内の描写である。当時、大学の新学期は、欧米と同じ9月で、上京は入学前の夏休みの時期である。三四郎は九州から山陽本線に乗り、名古屋止まりの東海道本線の列車に乗り継いだ。「三四郎」の『朝日新聞』への連載は、1908（明治41）年9月から同年末までである。小説の時代設定も、日露戦争が終わって数年がたつ同時代である。

この列車は夜の9時半に名古屋着であったが、40分ほど遅れて名古屋に到着する。三四郎と女はここで宿をとることになる。

実は、「三四郎」の書き出しの部分には、橋の記述は出てこない。京都から女が乗り、さらに途中でじいさんが乗り降りする。三四郎の名古屋止まりの列車は、草津、米原、関ヶ原、大垣、加納（現岐阜）を通り、名古屋に至る間、揖斐川、長良川、木曽川の三河川に架かる長い鉄橋をわたる。想像をたくましくすると、「三四郎」の出だしの会話がされた列車の舞台背景は、東海道本線が木曽三川をわたる鉄橋であったことが見えてくる。

用語解説……チェーンケーブル●吊橋のケーブルの工法で、ワイヤーを束ねた工法に対し、自転車のチェーンのように鎖状のもの。

やがてじいさんの途中下車で女とじいさんの会話は終わる。このころがちょうど日没である。名古屋着の到着が10時10分であるので、逆算すると、京都を出てからそれほど時間がたっていないあたりであろう。

「じいさんに続いて降りた者が四人ほどあったが、入れ代って、乗ったのはたった一人しかない。もとから込み合った客車でもなかったのが、急に寂しくなった。日の暮れたせいかもしれない。駅夫が屋根をどしどし踏んで、上から灯のついたランプをさしこんでいく」

三四郎らが乗る列車は、彦根、米原、関ヶ原を経て大垣を過ぎると、すぐに木曽三川の最初の橋をわたる。旧揖斐川橋梁である。この橋は、今も三四郎の時代そのままの姿でそのままの位置に遺る。現在では、東海道本線はすぐ下流側を通り、当時の揖斐川橋梁は、重要文化財に指定された歩行者用の橋となっている。

日が暮れて走るランプ照明の当時の列車の中は、今では想像しにくいが、相当薄暗かったようである。

「三、四人の乗客は暗いランプの下で、みんな寝ぼけた顔をしている。口をきいている者はだれもない。汽車だけがすさまじい音をたてて行く。三四郎は目を眠った。しばらくすると『名古屋

はもうじきでしょうか』と言う女の声がした。（中略）
『この分では遅れますでしょうか』
『遅れるでしょう』
『あんたも名古屋へお降りで……』
『はあ、降ります』（中略）
そのうち汽車は名古屋へ着いた」

三四郎が乗っている列車に女が乗車した京都から名古屋までは、およそ150キロメートルの距離である。この区間は、東海道本線の全通の最後の区間であった。1888（明治21）年から翌年にかけて、大垣と現在の岐阜（当時加納）間に揖斐川橋梁と長良川橋梁が、岐阜と尾張一宮の間に木曽川橋梁の架設工事が開始された。三河川の橋梁が開通し

今日の旧揖斐川橋梁（上、重要文化財）と銘板（左）。建設当時のままの長さ100ft（30m）のトラス桁５連が、そのままの位置に遺る。建設当時は単線であったが、三四郎の上京の時には複線の上り線となっていた。斜材に取り付けられている銘板には、製作会社名、「PATENT SHAFT & AXLETREE CO.LD」と製作年「1885」、工場の所在地「WEDNESBURY」が記されている（2014年撮影）。〔I〕

1891（明治24）年の濃尾地震で被災した長良川橋梁。橋脚が完全に破壊され上部工が落下している。
出所：John Milne, W. K. Burton. *The Great Earthquake of Japan*, 1891, Lane, Crawford & Co., 1892.

たのは、1887（明治20）年である。これ以後鉄道は大垣より西側の関ヶ原、米原へと延伸し、東海道本線は1889（明治22）年7月に全通する。

しかし、この2年後の1891（明治24）年10月28日に発生した濃尾地震は、完成間もない旧揖斐川橋梁を含む木曽三川の鉄橋に大きな被害をもたらした。明治年間を通じて、長い川に架かる鉄道トラスは、国内で製作することはできず、欧米からの輸入に頼っていた。木曽三川の鉄橋もイギリスからの輸入品であり、濃尾地震は舶来物の近代橋梁が、地震国日本で大地震の洗礼を受けた最初の例である。長良川、木曽川の橋梁は、橋脚が破壊されて上部工が落橋した。レンガ積みの揖斐川橋梁は一部の橋脚の破損に留まり、上部工の被害はなかった。濃尾地震の被害の状況はイギリス人技術者のバルト

「三四郎」の上京列車の車中の会話（京都・名古屋間）

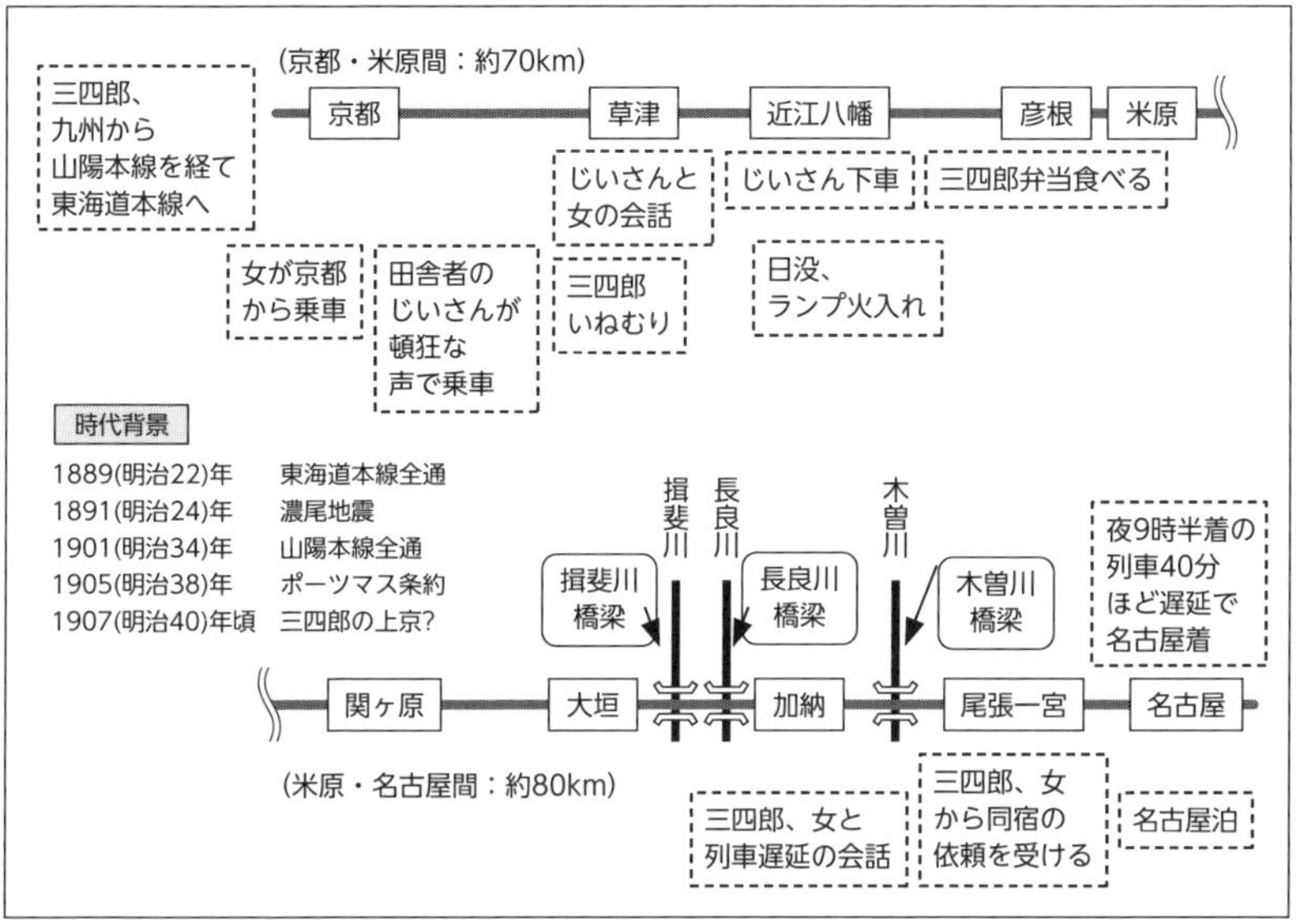

ン、ミルンによって写真記録が残されている。

三橋の中で唯一上部工の落橋をまぬかれた旧揖斐川橋梁は橋脚が補修を施され、長良川、木曽川の橋梁も架け替えの補修がされて地震の半年後に復旧する。

一方、山陽本線は、神戸から西に伸び、下関（当時馬関）まで開通するのは1901（明治34）年である。三四郎の上京は、数年前に全通した山陽本線、東海道本線を1泊2日で乗り継いだ行程であった。この1日目の最後が、冒頭の車内描写である。

この舞台背景が、十数年ほど前に濃尾地震の大きな被害から復旧された橋梁を通る車中であった。開通当時単線であった東海道本線も、三四郎の上京の時にはすでに複線化されている。三四郎の乗った上り列車は、京都から名古屋まで150キロメートルほどの区間の後半で、複線の上り線となった現存する旧揖斐川橋梁を通過したはずである。次いで、長良川橋梁をわたり、加納（岐阜）を過ぎて木曽川橋梁をわたる。名古屋の手前40キロメートルから25キロメートルのあたりで、終着まであとわずかであった。女と三四郎の車中の会話の最後は、このあたりであろうか。

漱石のロンドン時代の日記、書簡をはじめ、その後の講演、小説などには、近代化へ国をあげて疾走する日本の姿に対する明治後期以後の知識層を代表する憂鬱と危惧の念が通奏低音となっている気がする。三四郎では、上京2日目の名古屋を出たあとの車中で出会う広田先生に、日露戦争数年後のあの時期に、「日本は滅ぶね」と言わせている。

30歳代前半に留学で滞在するロンドンの地から、遠く日英同盟に浮かれる日本を思う次の記述がある。

「日英同盟以後欧州諸新聞のこれに対する評論一時は引きも切らざる有様にそうらしが昨今は漸く下火と相なり候ところ…、本国にては非常に騒ぎをり候よし。かくの如き事に騒ぎ候はあたかも貧人が富家を縁組を取り結びたる嬉しさのあまり鐘太鼓を叩きて村中駆け回るやうなものにも候はん」（日英同盟締結に関する中根重一宛書簡）

「人は日本を目して未練なき国民といふ。数百年来の風俗習慣を朝飯前に打破して毫も遺憾と思はざるはなるほど未練なき国民なるべし。されども善き意味にて未練なきか悪しき意味において未練なきかは疑問に属す。西洋人の日本を称賛するは半ば己れに模倣し己れに師事するがためなり。その支那人を軽蔑するは己を尊敬せざるがためなり。彼らの称賛中にはわが国民の未練なき点をも含むならん。されどもこれを名誉と思うは誤りなり。深思熟慮末さらねばならないと覚悟して判然として過去の醜わいを去る、これよき意味においての未練なきなり。目前の目新しき景物に眩ませられ一時の好奇心に駆られて百年の習慣をさる、これ悪しき意味においての未練なり」(「断片」)

漱石がロンドン留学中に見たと思われるW.H.ハントのストレイ・シープの絵画。『わがイギリス海岸, 1852(‘ストレイ・シープ’)』(ロンドン、テート・ブリテン展示)。〔I〕

「三四郎」の中では、直接的に橋の存在を示す記述はないが、欧米から導入された近代的な事物の象徴として鉄道を据え、難関であった木曽三川を越える鉄橋を含む区間を疾走する列車の中の会話を出だしとすることで、ストレイ・シープ(迷える羊)での終章に至るその後の展開の布石としている、と見るのは深読みが過ぎるであろうか。

伝説と迷信の橋

●鈴ヶ森刑場と涙橋

涙橋とは、江戸時代の刑場の近くにあった橋の名前である。諸国から江戸へ入る五街道の最後の宿場の中でも、西国からの玄関口である東海道の品川宿は、もっとも賑わいを見せていた。この宿場に到着する手前3キロメートル足らずの場所に、江戸の3か所の仕置場（刑場）のひとつである鈴ヶ森刑場があった。17世紀半ば過ぎに設置され明治になって廃止されるまで約２００年間で10万人とも20万人ともいわれる罪人がここで処刑されたという。

恋路の果てに江戸の町に火を放った放火犯の八百屋お七や、徳川吉宗のご落胤と称し浪人を集め不穏な動きを起こした天一坊《てんいちぼう》らが火焙り、晒《さらし》首の刑に処せられたのは、刑場ができた初期の頃であった。死刑の執行は、常に公開処刑であった。これは、西国から江戸へ流入する人が犯罪に走らないように、幕府の治安維持の警察力の誇示と見せしめの狙いがあったとされている。

処刑される罪人は、江戸市中を引き回され鈴ヶ森刑場の手前1キロメートルほどの場所で立会川に架かる橋をわたった。これが涙橋である。京浜急行の立会川駅を降りてすぐ近くの場所で、現在この橋は浜川橋という名前の鉄筋コンクリートの橋となっている。

橋の傍に建てられた品川区教育委員会の説明板によると、護送されてきた罪人は、この橋で密かに見送りに来た知人や親族と涙を流しながら別れたことが「涙橋」の由来となったとある。

涙橋のたもとにある品川区教育委員会の橋名の由来の説明板。〔I〕

涙橋（現浜川橋）。現在の橋は、1934（昭和9）年に架け替えられた鉄筋コンクリートの橋である。〔I〕

この橋を北から南へ越えると、もう決して引き返すことができないポイント・オブ・ノーリターンの別れの場所となった。後ろ手で縛られ、馬具を何もつけていない裸馬に乗せられて引き回された15歳の少女のお七は、家族と涙橋の上でどのような会話を交わしたのであろうか、などと思いながらこの橋をわたると、何か霊気を感じて首筋がゾクっとする。10分ほど歩いてたどりつく鈴ヶ森刑場跡には、真ん中に穴のあいた石の火焙り台が残されている。史跡保存会の説明板によれば、罪人はこの穴に建てられた鉄柱に縛りつけられ、そのまわりに薪が積まれて、生きたまま焼き殺されたとある。

鈴ヶ森刑場跡。間口は40間（約73m）あったが、東海道の拡幅で敷地は旧態を留めていない。〔I〕

刑場跡に残る石の火焙り台。真ん中の穴に鉄柱を建てて、ここに罪人が縛りつけられた。〔I〕

一条戻橋《いちじょうもどりばし》をめぐる伝説

創建は8世紀

一条戻橋は、京都市上京区で一条通が堀川を越える場所に架かる実在する橋である。創建は、都が京に移された8世紀末と古く、平安京の一番北側を東西に走る一条大路が堀川をわたる場所に架けられた。その後何度も架け直しがされたが、場所は移されることなく継続し、現在の橋は

１９９５（平成７）年に架け直されたものである。

一条戻橋に関する特別の伝承や風習が生まれたのは、平安時代の後半になり、堀川より西側の地域が寂れたことに関係があるとされている。橋の東側は御所のあるエリアであり、落差のある両地域は橋によって物理的につながってはいても、目に見えない境界が生まれ、ここを越えて橋をわたることに特別の意味が生じた。

一条戻橋の北側には、陰陽師として10世紀から11世紀初頭に活動をした安倍晴明《あべのせいめい》の広大な屋敷があった。晴明神社はその敷地の一部にあたる。

一条戻橋の名前の由来を説明する伝説でよく知られていることとして、漢学者の三善清行《みよしきよゆき》が９１８（延喜18）年に死んだときの橋上での出来事がある。三善清行は、文章《もんじょう》博士として菅原道真と競った人物である。息子の浄蔵《じょうぞう》は、熊野、吉野の山中で修験者としての修行に励んでいたが、父親の訃報を聞くとすぐに都に戻った。

1995年（平成７年）に架け替えられた現在の一条戻橋。橋下は一度は途絶えたが復活された堀川の流れ。〔I〕

すでに父の葬列は出発しており、ちょうど橋の上に差し掛かったところで追いついた。このとき奇跡が起こった。浄蔵が父の声をもう一度聞きたいと祈祷を捧げると、三途の川をわたる途上にあった清行は此岸に戻り息を吹き返した。息子の浄蔵は橋の上で戻った父と最後の言葉を交わすことができたという。

渡辺綱《わたなべのつな》と妖怪

一条戻橋の妖怪にまつわる伝説も、怪奇ものとして知られている。渡辺綱という摂津源氏の源頼光の四天王のひとりが、夜中に一条戻橋の東のたもとを通りかかると、美しい女性から、家まで送ってほしいと声をかけられた。夜更けに女が一人でいることを怪しみつつも、馬に乗せて歩き出すとすぐに本性を現して鬼の姿に戻った。

鬼は渡辺綱の髪を摑みそのまま住処の愛宕山《あたごやま》へ飛んで行こうとする。渡辺綱はすかさず刀を抜いて鬼の腕を切り落として難を逃れたという話である。この怪奇談は、少しずつ内容が変わっているところもあるが、怪奇物語として伝承されている。明治中期にはこのストーリーをもとに、新古演劇十種のひとつとなる「戻橋恋の角文字《つのもじ》」が東京の歌舞伎座で上演された。

橋占《はしうら》伝説

橋占という占いに関する伝説もある。橋占とは、橋を行き来する人が話す言葉を聞いて、それをもとに吉凶を占うものである。橋をわたるときに通行人が発する言葉は、単なる個人の意思によるおしゃべりではなく、橋の心霊が通行者の言葉を介して発せられているとする一種の心霊現象であるとの考えによっている。川に架かる橋がそこを通る人に心霊現象を起こすとする信仰は古くから全国にあり、一条戻橋の伝承もそのひとつである。

平清盛の孫の安徳天皇の即位は、平家の権勢の頂点を示すが、わずか数年後の壇ノ浦の戦いで一気に幕を閉じることになる。清盛の娘の平徳子（建礼門院）が出産のときに、その母の平時子が一条戻橋で橋占を行ったとされている。このとき、12人の童子が手を打ち鳴らしながら橋をわたり、安徳天皇となる皇子の将来を予言する歌を歌ったという。

12人の童子とは、陰陽師の安倍晴明が一条戻橋の下に隠していた式神の化身である。式神とは陰陽師の命令によって、人心の中の善悪を見定め悪霊など

晴明神社。一条戻橋のすぐ北側の堀川通沿いにある。〔I〕

を退治し、鬼門の警護にもあたる鬼神のことである。晴明神社の境内には、旧一条戻橋の欄干親柱と式神の石像がある。

1922（大正11）年から1995（平成7）年まで架かっていた旧一条戻橋の欄干親柱と式神の石像（晴明神社境内）。安部晴明は式神を自在に操ったとされるが、普段は橋の下に封じていたという。〔I〕

　このときの橋占の予言がどのようなものであったかはわからないが、これ以上はあり得ないほどの大凶であったはずである。『平家物語』（巻第11）「先帝身投」では、壇ノ浦で平家一門の命運がいよいよ尽き果てるそのときに御座船の船中での祖母の平時子と安徳天皇の最期の会話がある。「尼前は、われをどこへ連れて行こうとするのですか」と問う孫の安徳天皇に対し、平時子は、「君は前世の修行によって天子としてお生まれになられましたが、悪縁に引かれ、御運はもはや尽きてしまわれました。この世は辛く厭わしいところですから、極楽浄土という結構なところにお連れ申すのです。波の底にも都はございますぞ」と答えると、天皇を抱いたまま壇ノ浦の海に身を投じた。

　続いて入水した母親の平徳子（建礼門院）は源氏方の熊手で髪をひっかけられて救い上げられ、京に送られその後寂光院で余生を過ごすことになる。

これより時代が下っても、一条戻橋にまつわる忌ごとの伝承は尽きない。

晒首《さらし》のメッカ

16世紀中ごろには、三好長慶《みよしながよし》の家臣和田新五郎《わだしんごろう》が、室町幕府十二代将軍足利義晴《あしかがよしはる》の嫡男の侍女との不義密通の罪で、処刑されたのも一条戻橋である。処刑は残忍をきわめ、最初に両腕を鋸で切断され、苦しみのあまりうめき声をあげる中で、頸が切断された。相手の侍女の方は、洛中を裸で引き回された後、六条河原で処刑されたという。

戦国時代末期に、天下統一をほぼ手中に入れた豊臣秀吉が、聚楽第《じゅらくだい》と御所の中間あたりに位置する一条戻橋を処刑の場所にたびたび選んでいる。

島津家の中でも最後まで豊臣秀吉に対抗して敗れた島津歳久《しまづとしひさ》の首が晒されたのは、一条戻橋であり、秀吉から切腹を命じられて自害した千利休も同じくこの橋で晒首にされた。

さらに1596（慶長元）年にキリスト教禁教令を発布すると、秀吉は後に日本二十六聖人と呼ばれるフランシスコ会員や宣教師を捕えて長崎で磔《はりつけ》によって処刑することを命じた。刑の執行に先立って、京で捕えられた24名は一条戻橋の上で左の耳たぶを切り落とされ、市中引き回しのうえ処刑地の長崎へ送られた。秀吉の命を受けてこれを実施したのは、時の京都奉行の石田光成であった。彼もまた数年後に、関ヶ原で敗れ、徳川家康によって六条河原で斬首され、三条河原で晒首にされることになる。

東福門院徳川和子の入内

1612(慶長17)年に後水尾天皇が即位すると、家康は公武の絆をより強固とするために、内孫にあたる二代将軍の秀忠の5女の東福門院徳川和子の入内を申し入れた。しかし、いったんは入内が決まったが、その後、大坂の陣や家康の死去などが続き大幅な延期となった。ようやく入内が実現したのは、1620(元和6)年であった。

入内の行列は、二条城を発し堀川通を北に進み、中立売通を右折して御所を正面に見て進んだものと思われる。2キロメートルほどの行程である。堀川をわたる場所が、堀川第一橋(中立売橋)である。堀川第一橋の創建は、1626(寛永3)年に後水尾天皇が二条城に行幸されたときとする記述が多いが、戦国末期に、豊臣秀吉が建てた聚楽第には、すでに二度も後陽成天皇が行幸をされていることから推測すると、堀川第一橋の創建は、おそらくは江戸時代初期より早く、徳川和子の入内の時期にはすでに橋はあったものと思われる。

一条戻橋、御所、聚楽第、二条城の位置関係

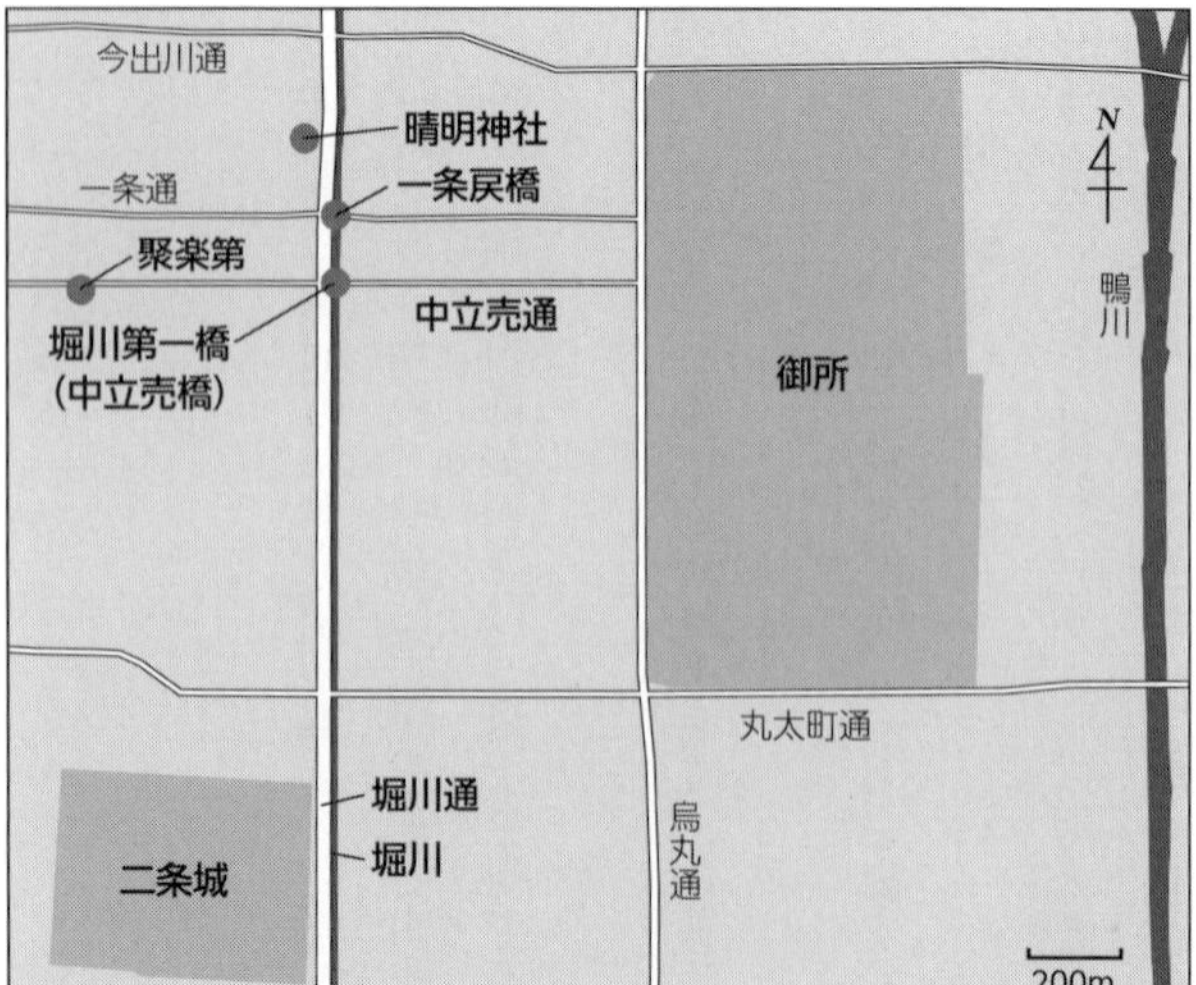

現在の堀川第一橋（中立売橋）。1873（明治６）年に架け替えられ、1913（大正２）年に橋幅が拡張された。創建は16世紀末に遡る。江戸時代には御所と二条城をつなぐルートの公儀橋であった（2016年撮影）。〔I〕

現在の堀川第一橋は、１８７３（明治６）年に架け替えられた橋長約15メートル、幅員9メートルの石造《せきぞう》アーチである。同時期の建設では例の少ない真円アーチである。

一条戻橋は、この堀川第一橋のすぐ上流側に位置する。入内の行列は左手に一条戻橋を見ながら御所に進むことになる。「戻」という文字の着いた橋が入内のルートの近くにあることを忌嫌った幕府は、入内に先立って「万年橋」と改名するお触れを出した。しかし、落首と同様に、京の人々が昔から呼び慣れた戻橋の名前を、権力をもってしても、簡単に変えることはできず、いつしかもとの名前に戻ってしまった。ただ、嫁入り前の女性、家族や、縁談に関わる人々は出戻りになることを恐れて、一条戻橋には近づかないという習わしができたそうである。

果ての二十日

一方、西日本では、暮れの12月20日を「果ての二十日」と呼んで、行動に注意すべき忌日とする風習があった。山の多い地域では、この日は一本ダタラという1眼1足のひとつ目小僧の妖怪が出るので山仕事は休みとするという言い伝えがあった。なぜ12月20日が忌日となったかは定説がないが、京の都では、罪人の処刑をこの日に行っていたからともいわれる。

京の刑場は、東国から京への入口にあたる粟田口にあった。ここで12月20日に処刑される罪人は、洛中引き回しの後に、一条戻橋の上に引き出され、まだ生きている身であるが仏様と同じように花と餅が供えられ線香が焚かれて刑場に連れられていったという。処刑ののちあの世から現世に真人間になって戻ってくるようにという意味があったとされる。

●人柱・人身御供《ひとみごくう》伝説

人柱とは、『広辞苑』では、「架橋、築堤、築城などの難工事の時、神の心を和らげて完成を期するための犠牲として、生きた人を水底、土中に埋めたこと。またその人。転じて、ある目的のために犠牲となった人」とある。人身御供の一種である。

圧倒的な自然の脅威や災害の発生防止とともに、人技を越えた難度の高いことを実施するにあたり人身を捧げることで成功裏に展開することを祈願したものである。あるいは、自然に変更を加え、自然を傷付ける橋などの建設に対して怒る川の精を鎮めようとするために生贄《いけにえ》が差し出されたものである。人柱や人身御供など、祈願において生贄を捧げる風習は、アミニズム文化のひとつであるが、この風習は日本だけでなくヨーロッパを含み世界各国、各地域で数多く存在する。

紀元前7世紀頃、ローマのテベレ川にローマ王マルキウスが建設した木造のスブリキウス橋は、建設のときに人身御供が捧げられたといわれている。この名残が、かつて橋が架かっていた場所で行われる祭りの行事に見られる。修道女らの行列では、パピルスで作った人形を川に投げ入れ、川の神に人身御供を捧げる儀式があるそうである。ドイツ南部のバイエルン地方でも、聖霊降臨祭で、やはり橋の上から人形を川に投げ込む風習があり、これも生贄を差し出すことの名残と考えられている。

日本各地でも、橋をはじめ土木工事にともなう人柱にまつわるいろいろな話が伝承されている。橋については、長柄《ながら》橋の人柱伝説が有名である。9世紀初めの長柄橋の建設において「嵯峨天皇の御時、812（弘仁3）年夏六月再び長柄橋を造らしむ、世に伝う人柱は此時なり」との記録（1798［寛政10］年）がある。

増水のたびに川筋が変わり出水もあった淀川での架設工事は困難をきわめた。これを見た地元の有力者の一人が、「橋を完成させるには、継ぎのある袴を着けた者を人柱に立てる必要がある」と申し出て自らが人柱に立った。これを嫁ぎ先で伝え聞いた有力者の娘は、ショックのあまり声が出なくなったという。

このため、有力者の娘は、やがて嫁ぎ先から離縁され、夫に付き添われて実家に戻されることとなった。実家への途中で1羽の雉《きじ》が鳴きながら飛んでいくのが見えた。鳴き声に気付いた夫は弓矢を手に取るとすかさず雉を射落とした。そのとき、失語症の妻の口をついで出たのが「物言《ものい》は じ父は長柄の橋柱　鳴《なか》ずば雉子も射られざらまし」（人柱を立てる必要があるなどと言わなければ父も死ぬことはなかったのに）という本音であった。

平安時代末期に福原（神戸）に新たに都を築くための、平清盛主導の一大都市計画事業があった。港の整備については、大輪田泊《おおわだのとまり》で大規模な改修工事が行われた。この大輪田泊は、古くは9世紀の初めから船の停泊地として手が加えられてきたが、日宋貿易をより盛んにするために、大型の船を波の影響を受けずに停泊できる静穏な海面が必要とされた。このための大工事が防波堤となる経ヶ島を人工的に築くことであった。海上工事は暴風雨や波浪によって何度も中断される大変な難工事であった。当然人柱を立てる状況であったが、『平家物語』（巻第六）によれば、平清盛は人柱を立てる代わりに一切経《いっさいきょう》を書いた石を海に沈めたとある。

●橋姫伝説

もとは水神信仰

川で隔てられた地域にとって、橋は外敵の侵入からの防御の関門の役割があった。このため橋を守ることは地域の人々の生活を守ることにもつながった。橋姫とは、この関門である橋に祀られた守護神であった。この守護神は、もとは水神信仰のひとつであって、橋のたもとに男女二神が祀られていたといわれる。これだけの説明であれば、橋姫は正義の味方と思えるが、必ずしもそうではない。字面からすれば、橋姫というと何かしとやかで華やかな容姿の女性がイメージされるが、これもマチガイのもとである。確かに、橋姫の語源は、一説によれば、「愛らしい」を意味する古語「愛《は》し」が「橋」と同じ音であることから、愛人のことを「愛《は》し姫《ひめ》」といったことに由来するという面もある。しかし、実は、橋姫の本性は、執念深く、粘着質で、かつ嫉妬深い鬼神である。

各地の橋姫伝説でも、橋姫の祀られた橋の上でほかの橋を褒めたりすると、とんでもなく恐ろしい仕返しをされるという。土地に土着した神は、そこの民がほかの地域のことを話題とすることをひどく嫌がるのと同様に、橋姫もまた、ほかの橋のことを地元の民があれこれ話すことを極度に嫌うそうである。嫉妬深さは、橋姫が女性の神であるためにという記述もある。

宇治橋の西詰付近にある橋姫神社。江戸時代まで宇治橋の西のたもと付近にあったが、明治初めの洪水で流失し、50mほど上流の現在の場所に移転した。〔I〕

宇治橋の橋姫伝説

各地の橋姫伝説の中でも、宇治橋の橋姫伝説はよく知られている。宇治橋には、橋姫を祀る祠があったとの伝承があり、宇治川の左岸側には橋姫を祀った橋姫神社がある。

宇治橋の橋姫は、一条戻橋で両腕を切断される妖怪の話と一部重なるが、『平家物語』の「剣」のストーリーでは少し異なるところがある。

9世紀初め、ある身分の高い公家の娘が、嫉妬心を抑えられずに復讐のために鬼神になりたいと水神の貴船神社に祈りを捧げた。鬼になりたければ、鬼の化粧をして宇治川に21日間浸かるようにとお告げを受けた。その娘はいわれたとおり宇治川に浸かると望み通り生きたままの鬼、すなわち橋姫となった。復讐心に燃えた橋姫は、離縁された元夫、その妻、縁者らを次々と襲っては皆殺しにしたそうである。

宇治の橋姫伝説は、鉄輪《かなわ》という能のストーリーのもとにもなっているが、これも少し異なる部分がある。能に出てくる橋姫は、夫を奪った女性と元夫の夫婦を呪い殺そうと企むが、2人は直前で異変に気付き、陰陽師の安倍晴明に相談をする。安倍晴明は、形代《かたしろ》（人間の霊を宿す人形やモノ）を使って橋姫に呪いをかけると、橋姫が姿を現し、夫婦に襲いかかる。このときの橋姫は、燃え上がる嫉妬心と復讐心で顔を歪め、頭には蝋燭を灯した五徳（鉄輪）をのせた奇怪な鬼の姿で、文字通り鬼気迫る形相であった。安倍晴明の祈祷と三十番神（日替わり当番の守護神）の守りによって、橋姫の企みは阻止されるが、またいつか戻ってきて必ず恨みを晴らす、と捨て台詞を残して消えていく。

橋姫の恐ろしさはその形相はもちろんであるが、本当の恐ろしさは、嫉妬心によってどこまでもまとわりつく粘着質と執念深さにある。

死後審判の橋

死後世界の入口

死後審判の橋とは、死後の世界においてその人の生前の行いによって、地獄に落とすか、あるいは天国に迎え入れるかを、橋をわたることができるかどうかで判別する橋である。無事わたれれば天国に入れるが、そうでなければ橋の下の地獄に落ちることになる。この審判の橋というモチーフは、日本ではよく知られているが、世界の各地でも同様の話がある。この世界で共通する橋に死後の審判の役割をもたせるというストーリーが、どこでどのように生まれ、世界中に広まっていったのかはわからない。

死後の世界の入口で橋をわたれるかどうかで審判を下すとする話でもっとも古い例としては、ゾロアスター教の聖典にでてくるチンワト橋であるとされている（「橋の聖と俗　死後審判の橋における意義をめぐって」Ｌ・ガルヴァーニョ著、大阪大学博士論文、２０１２年）。

チンワト橋では、対岸は天国で橋の下は地獄となっており、善人と判定されると橋の幅は広くなり、悪人と審判されると狭くなって足を踏み外して橋の下の地獄に落ちることになる。

拝火教とも呼ばれるゾロアスター教は、鳥葬、風葬といった遺体を野原などに放置し、自然の風化や、鳥がついばむままに任せる葬送の方法をとることで知られている。紀元前6世紀にペルシア王国で、すでに広く信奉されていた最も古い宗教である。教義の特色は、世の中の事象を善と悪の二つに分類する事で世界を解釈する善悪二元論で、人は死後善人、悪人に厳格に判別されるとする考えにもとづく死後審判の宗教である。地獄、天国などの概念で、キリスト教や、イスラム教、仏教に影響を与えたとされる。

ランスロットの剣の橋

中世ヨーロッパでは、審判の橋のモチーフは、宗教的な物語によく登場する。たとえば、12世紀の吟遊詩人のクレチアン・ド・トロアのブルターニュの騎士道物語に出てくる「剣の橋」がある。アーサー王の騎士ランスロットが、ゴール王の息子に誘拐されたアーサー王の妃のギネヴァ王妃を救い出しに行く冒険物語である。舞台となるのは、王妃が幽閉された城に架けられた槍2本分ほどの長さの大きな剣を桁として架けわたされている橋である。表面がツルツル滑りやすく、川の下には激流が流れている。さらに対岸には2頭のライオンが大岩につながれている。ランスロットは、尻込みをする騎士たちを尻目に、手足を傷めながらも剣の橋の上を這って進み、無事に彼岸にたどり着く。すると、それまで見えていたライオンの姿はもはや消えていた。激流の川も、猛獣も単なる幻想にすぎなかったのである。信心深い者に限って橋を無事に通過できるという点は、ゾロアスター教のチンワト橋や、キリスト教やその他の宗教の文学作品にも共通する。

イギリス北部のカトリック教徒の農耕民の間では、19世紀まで通夜の歌が歌われ、この中で、冥途の途中には必ず死者がわたらねばならない橋がでてくる。この歌では、前世において困った人々を助け、恵みを施した人の魂は救われるが、悪行を重ねた人は、地獄に転落するとある。

立山信仰の布橋

日本における審判の橋のひとつに、立山信仰の布橋灌頂会《かんじょうえ》がある。

北アルプスの立山は、山岳信仰で知られる霊峰であった。山に籠って肉体的、精神的に厳しい修行を行い、これに耐えることで自らの罪や穢れを清めて余生や死後の極楽往生を願うもので、これも日本各地で同じような修行がある。

『立山曼荼羅』（金蔵院本）で描かれた布橋（中央）。下隅に龍が口を開けて待っている谷川に悪人が転落する様子が描かれている（→口絵vii）。
金蔵院蔵、提供：富山県立山博物館

布橋。長さ25間（約45.5m）、高さ13間（約23.6m）。　提供：富山県

立山は、江戸時代まで女人禁制で、女性が登山することはできなかった。そこで、霊峰立山に登る代わりに、橋をわたる法要を営むことによって、男性の修験者と同様に極楽往生を願う儀式が行われた。この儀式のハイライトは、極楽往生を願いつつ、姥谷川（三途の川）にかかる姥堂御宝前《うばどうごほうぜん》の橋をわたる部分である。

閻魔堂《えんまどう》で懺悔《ざんげ》の儀式を行った後、教典に節を付けた仏教音楽の声明《しょうみょう》や雅楽が流れる中、宿坊の引導師の僧侶に導かれ、此岸から彼岸に架けわたされた布橋をわたる。布橋の床板《ゆかいた》は、煩悩の数と同じ１０８枚の板で組まれており、この上に3筋の白い布が敷かれている。女性は白装束を着て、編み笠を被り白い目隠しをしたまま橋をわたる。『立山曼荼羅』には、この途中に龍が

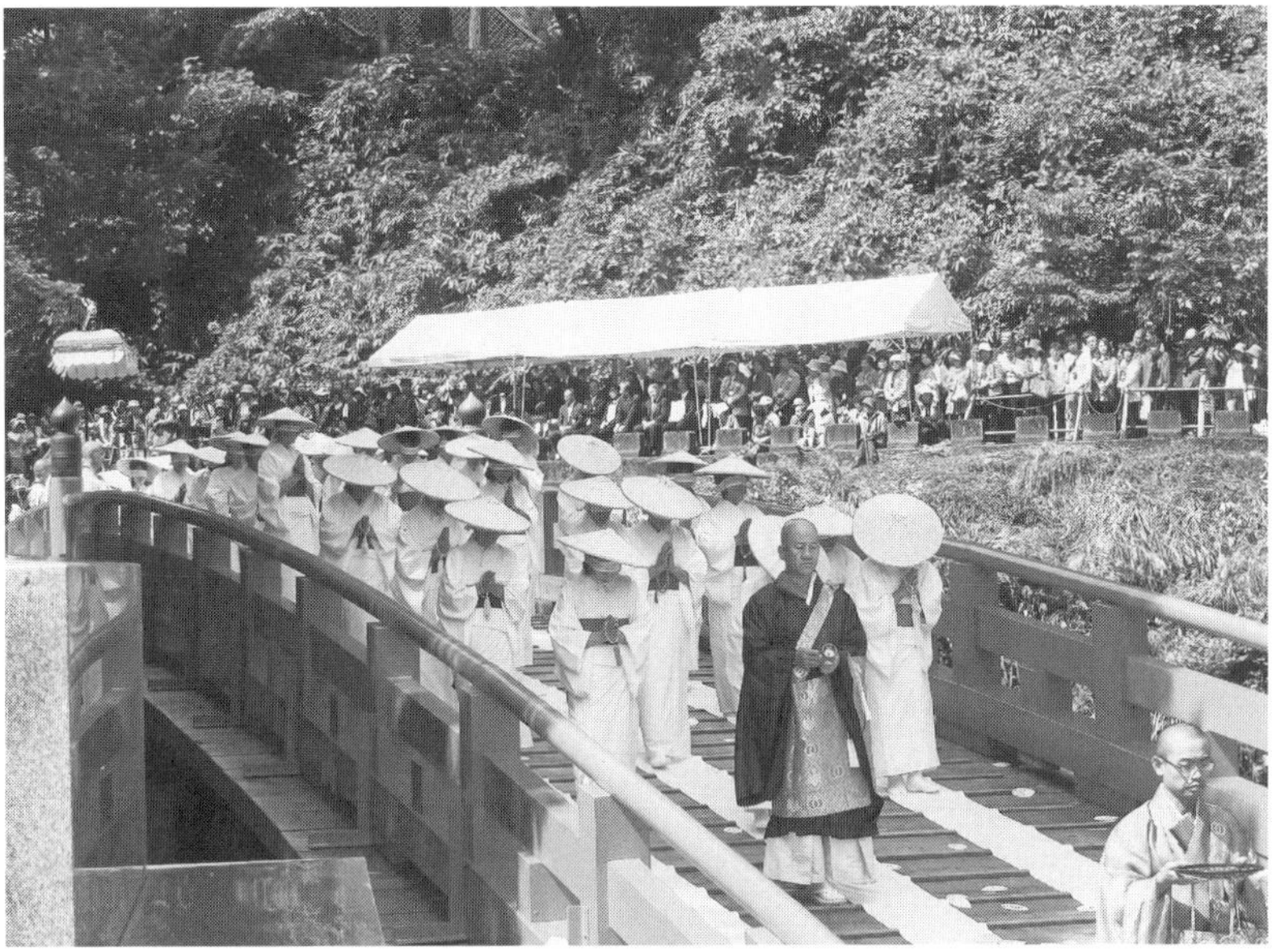

布橋灌頂会（2006年）。白装束を着て、編み笠を被り白い目隠しをしたまま橋をわたる。　提供：富山県

口を開けて待っている谷川に悪人が転落する様子が描かれている。

女性が彼岸側に向けて進むと、彼岸側から出迎えがあり両者は橋の中央で合流する。彼岸にわたりきると姥堂に入り、暗闇の堂内で読経を行う。女人衆が目隠しを解くと目の前の壁の覆いが上がり立山が目前に広がる。橋をわたって彼岸に入り、生まれ変わって此岸に戻るという一連の手順は「擬死再生」である。

江戸時代後期は立山信仰の浸透とともに盛んに行われたが、明治の廃仏毀釈で廃れた。布橋は１９７０年に復元され、その後布橋灌頂会も復活した。

橋事情余話

晒首《さらし》のメッカ中世のロンドン橋

敗者の首をはねて見せしめとして晒首とする風習は、日本だけでなく海外でも例が多い。中世のロンドン橋は、晒首の場所でもあった。

中世のロンドン橋は、木造橋を架け替えるために、1176年にヘンリー2世によって工事が着手され、33年後の1209年に完成した石造《せきぞう》橋であった。このロンドン橋は、19世紀前半まで600年以上も架け替えられることなしに供用された長寿の橋であった。しかしその歴史の半分以上にあたる350年もの長きにわたって、処刑者の首を晒す場所として知られてきた。

中世のロンドン橋は、橋上に建物が連なっており、一番南側の橋の入口にあたる門型の建物の屋上が、首を晒す場所であった。この場所は、ロンドンで最も人通りの多い繁華な場所で、見せしめには格好の場所であった。

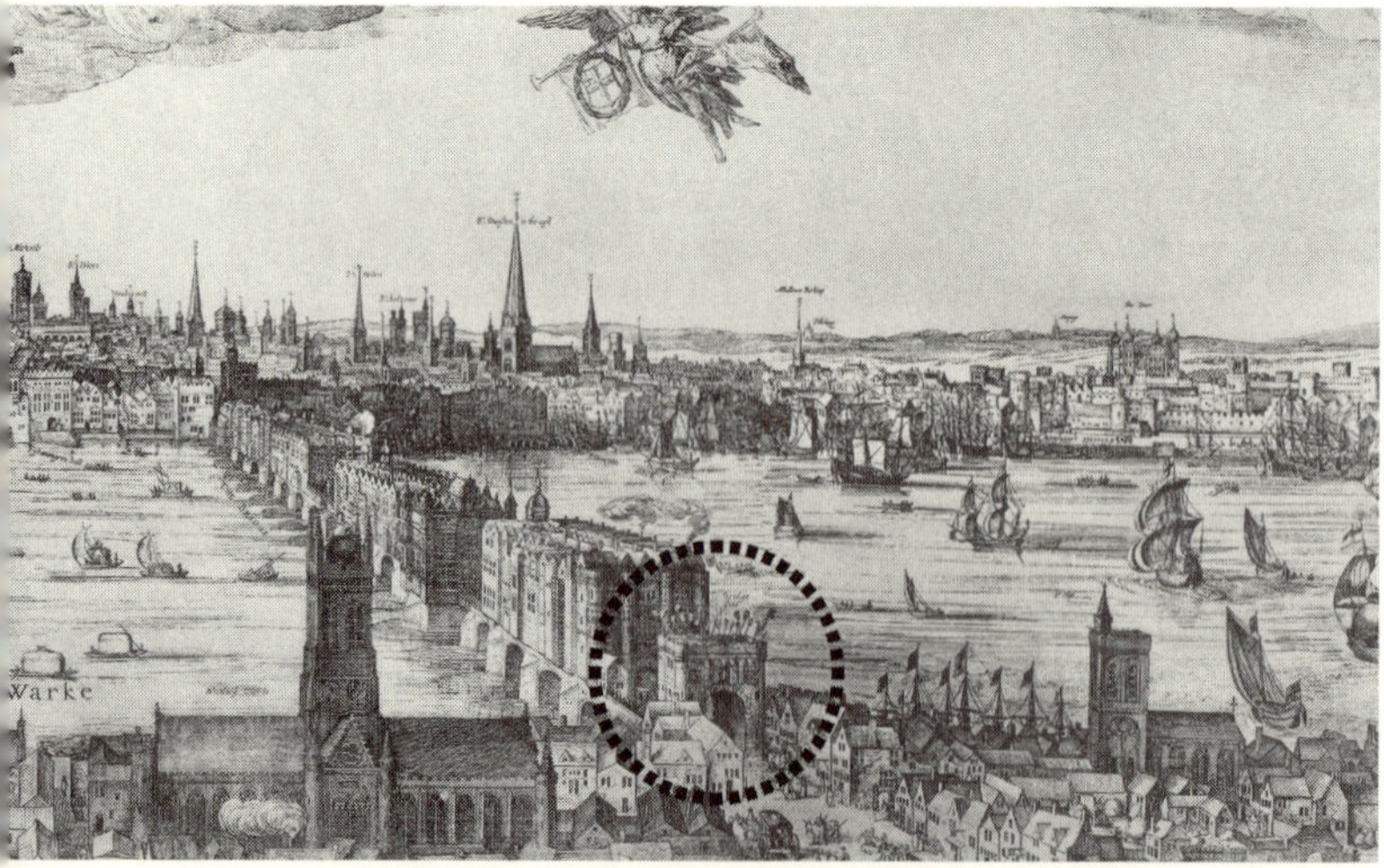

中世のロンドン橋。1616年に銅版画で描かれたテムズ川南側から見た橋の全景。橋の南側入口にある門型の建物が晒首の場所（丸印）。　出所：Visscher's View of London, 1616.

1616年の銅版画には、テムズ川南側から見たロンドン橋が斜めに描かれている。左下にサウザック大聖堂があり、その右側に橋の南詰がある。門型の建物の屋上には、先端に首を突き刺した長い槍が、何本も突き出ている様子が描かれている。

処刑された遺体から切断された首は、保存のためにタール漬けにされて槍に突き刺されてこの門

橋の南側入口の門型建物の屋上。
出所：*Old and New London:Volume2,* London,1878, BHO(British History Online)

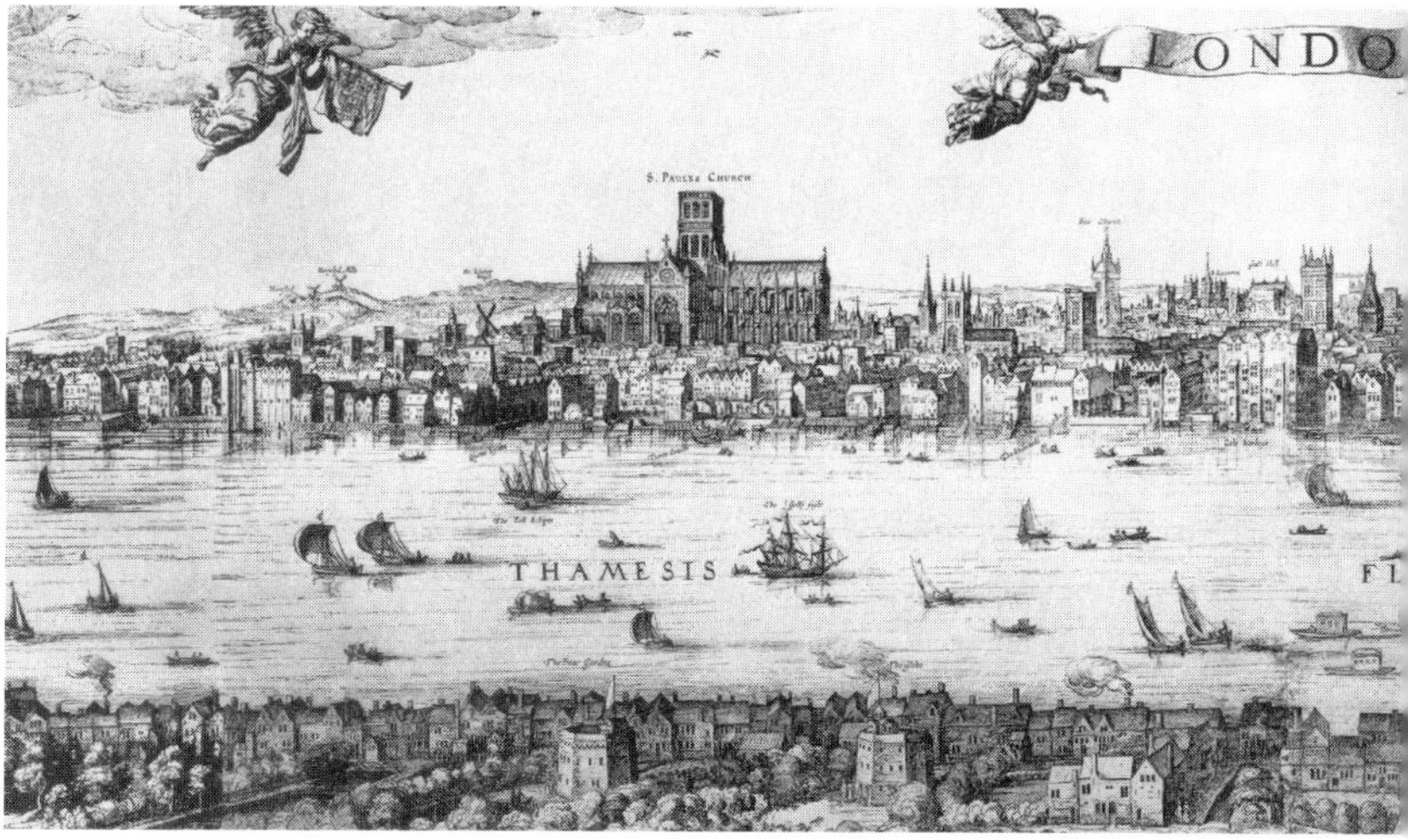

型の建物の屋上に晒された。晒首の第1号は、映画「ブレイブ・ハート」に出てくるスコットランド独立の戦いで敗れた英雄のウィリアム・ウォーレスで1305年のことであった。捕えられたウォーレスは、残虐刑で処刑され、はねられた首が、ロンドン橋で晒された。

この後、17世紀半ばに廃止されるまで、ロンドン橋の南詰のこの場所は、先端に首が突き刺さった数十もの長い槍が常に林立していた。これらの中には、英国国教会に異を唱えたカトリック教会派の聖職者たちや、政治を風刺した『ユートピア』の著者のトマス・モア、叛逆罪で捕えられロンドン塔で処刑されたトマス・クロムウェルなどがいる。

旧ロンドン橋は1831年に撤去され、架け替えられたジョン・レニー設計の5連の石造アーチは1972年まで140年間供用された。現在のロンドン橋は、コンクリート箱桁橋である。

エジンバラ城入口のサー・ウィリアム・ウォーレスの像。〔I〕

筑後川昇開橋《しょうかいきょう》。旧佐賀線の可動橋であったが、現在では歩道橋として利用されている。〔I〕

6

動く橋

土木構造物の多くは、大地に固定されていて、動くことはない。橋の場合も同様に、橋脚で支持された橋桁《はしげた》は動かないものが多い。橋の構造解析の前提条件は、上下左右に動かずに、回転もしないという静止して釣り合っている安定条件から出発する。

しかし、水門や運河の閘門《こうもん》のゲートが開閉のために動くのと同じように、橋にも、跳ね上げ、旋回、あるいは昇降させて、もとの位置から動くことができる可動橋と呼ばれるタイプがある。

近代になってヨーロッパや特に北米では、運河を鉄道や道路が越える箇所などで多く建設されてきた。国内では明治初年から、港湾地域の運河沿いにおいて建設事例が出てきた。橋は規模が大きいだけに、橋桁が動いている様子は壮観であり人を惹きつける。動く橋の存在する地域は、特に交通が輻輳《ふくそう》することから人々の集う生活の場である。

ここでは近代初期以後の動く橋に焦点をあてて見ていく。

可動橋とは

水路上に多い可動橋

鉄道、道路、水路などほかの交通路を越えて架けられる跨線橋や跨道橋の場合、相互に物理的な妨げが生じないように、必要な桁下空間を確保して建設される。歩行者専用の橋であれば、横断歩道橋のように道路の両側に階段やエレベーターを設けて高さを確保する方法がある。しかし、自動車などが通る道路橋の場合は、桁下の空間を確保するには、かなり手前から高さを少しずつ上げるスロープの区間が必要となる。この結果、橋全体の長さは長くなり高い橋脚も必要となって、全体の規模も大きなものとなってしまう。

そこで、水路のように桁下の交通が連続的にはない場合、普段は低い位置で水路を越えるように橋桁《はしげた》をわたしておき、船が通過するときのみ一時的に移動させる方法がある。これが可動橋である。まれに、船の通行が多い水路上の鉄道橋では、通常は橋を跳ね上げておき、列車が通るときに、所定の位置に戻すものもある。

世界遺産リドー運河上の跳開式鉄道可動橋（カナダ、スミスフォールズ）。現在は廃線の鉄道路線であるが、かつて鉄道が通るときに所定位置に下げていた(2015年撮影)。〔I〕

可動橋の種類

橋桁の動かし方はいくつかあるが、基本的なものとしては、旋回橋《せんかいきょう》、跳開橋《ちょうかいきょう》、昇開橋《しょうかいきょう》の3種類がある。旋回橋は、磁石の針のように、橋桁を水平面で旋回する方式である。これに対して、橋桁を上方向に移動させる方式が跳開橋や、昇開橋である。跳開橋は、橋桁を両方、あるいは一方から垂直面内に旋回させて跳ね上げる方式で、跳ね橋とも呼ばれる。昇開橋は、橋桁を垂直方向に吊り上げて水路上の空間を確保する方法である。

これら以外にも橋桁を折りたたんだり、巻き上げる方法、橋軸方向にスライドさせる方法などがある。珍しい方法としては橋桁を水中に沈める方法や、十分な高さをとって架けられた桁から吊ったゴンドラを移動させる方法もある。

橋桁を動かす動力は、小規模な可動橋では人力によるものもあるが、規模の大きな橋では、初期は蒸気エンジンが用いられ、その後電動モーターが使われるようになった。19世紀末に建設されたロンドンのタワーブリッジは、当初は蒸気エンジンが使われていたが、その後電動に変更され、現在ではかつて使われていたテムズ川南岸の橋台下の蒸気エンジンルームは見学者に公開されている。

ゴッホの描く『アルルの跳ね橋』のような水路上に架かる小規模な可動橋は古くからヨーロッパで架けられてきた。近代的な可動橋は、欧米の運河の発達した地域で19世紀中ごろ以降に建設され、特に北米でその件数は多く、現在も使われているものも多い。

近代初期の可動橋

可動橋のはじまり

日本における近代的可動橋の建設は、明治になってからである。大阪では明治初期に水上交通の発達した淀川河口域付近で架設された。1872（明治5）年には、木津川に千代崎橋が架けられ、翌1873（明治6）年には、川口外国人居留地の安治川に鉄製の可動橋が架けられた。

明治に入り最初の可動橋であった千代崎橋は、7径間の木造桁橋で中央の1スパンが、航路部にあたり、帆柱の高い船が通過できるように可動式となっていた。桁の移動方式は、橋の長さ方向に、桁を引き込む方式で、そろばん橋と呼ばれたそうである。千代崎橋の写真を見ると、スパン中央に向けて桁高が段々に減少しており、中央部をスライドで引き込

千代崎橋（大阪、1872年）。桁高は段々にスパン中央に向けて低くなっており、もっとも小さい中央部がスライドされて引き込まれるものと思われる。船の幅ではなく帆柱を通す程度の幅が確保されたものと思われる。橋脚上の支柱からケーブルが斜めに固定桁の先端まで伸びている。

出所：『大日本全国名所一覧　イタリア公使秘蔵の明治写真帖』平凡社、2001年

千代崎橋（『松島千代崎橋之景　浪花八景之内』長谷川小信画）。可動桁の先端のロープが引かれて跳ね上げられている。この隙間を帆柱がすり抜けようとしている様子が描かれている。　神戸市立博物館蔵

めば、帆柱を通す幅は開くように見える。少なくとも跳ね上げ方式ではないことはわかる。ただ、桁を橋軸方向に引き込むようになっていることが確認できるが、千代崎橋を描いたほかの錦絵では、帆柱の高い船が跳ね上げられた桁の間を通過している跳開《ちょうかい》橋となっているものもある。跳開式の千代崎橋が実際に架けられたのかは明確でない。引き込み式のみが架けられ、跳開式の方は計画のみであったのか、あるいは引き込み式と跳ね上げ式の両方が架けられたのかもしれない。

　川口外国人居留地に架けられた安治川橋は、鉄製の可動橋で、幅5メートル、長さ約81メートルの中央部に、石造《せきぞう》の円形の橋脚があり、この両側の16メートル、2径間が旋回する可動部であった。桁や鉄柱の橋脚は、外国から輸入されたものである。方位磁石の針が回転する様子に似ているので、磁石橋と呼ばれたそうである。船が通るときの桁の移動は人力で行われた。旋回する桁は橋脚上に支柱が建てられ、そこから2段のケーブルが斜めに張り出されて桁を吊る斜張橋形式であった。

　安治川橋は、錦絵に描かれたほか、写真も残っている。安治川橋は鉄製であったが、寿命はごく短く、1885（明治18）年の大洪水によって上流から殺到する流木などがこの橋で堰きとめられ

て被害が拡大する恐れがあったため、爆破されて撤去された。

このほか、明治期の旋回橋《せんかいきょう》としては、『日本の橋　鉄の橋百年のあゆみ』に、編者の成瀬輝男《なるせてるお》氏が兵庫運河の旋回橋の写真と説明の文章を書いている。正確な場所、時期は不詳としながらも、建

鉄製旋回式可動橋の安治川橋『浪花安治川口新橋之景』（長谷川小信画）。

出所：『明治大正図誌　第11巻　大阪』筑摩書房、1978年

可動橋の安治川橋。回転中心の橋脚は石造の円筒型でその他はフランジのついた鉄柱を継いでいる。おそらく先端にスクリュー杭が施工されていた。

出所：『写真集明治大正昭和大阪　ふるさとの想い出310　上』国書刊行会、1985年

兵庫運河の旋回橋（年代不詳）。円形の橋脚上を桁が旋回する方式である。

出所：『日本の橋　鉄の橋百年のあゆみ』朝倉書店、1984年

設時期は明治末年ではないかとある。写真によれば安治川橋と同様に石積みの円形橋脚にのった桁が旋回する方式で、桁上には三角形の塔が建てられ、斜張ケーブルで桁を吊っている。

●大正以後の可動橋

天橋立《あまのはしだて》の小天橋《しょうてんきょう》

1923(大正12)年に、京都府北部の若狭湾の西端に位置する天橋立で旋回橋が建設された。この場所は、橋が架けられる前は渡し舟であった。天橋立は防波堤のように伸びる砂洲によって湾奥部は外海と隔てられており、ここから出入りをするには、砂洲の南端付近の文殊地区にある水路を抜けて外海に出ることになる。この水路上に架かるのが小天橋(回旋橋《かいせんきょう》)である。安治川橋と同じように、橋桁《はしげた》が水平面内を旋回することで、船舶の出入りができる。

初代の小天橋は、旋回する中央の2径間の両側に固定桁があり、4径間であった。可動桁の旋回は、人力で行われていたが、1960(昭和35)年に現在の橋に架け替えられたときに、電動モーターの駆動方式となった。現在の小天橋は、3径間でそのうち文殊堂側の1径間が固定の桁で、残りの2径間が旋回する可動桁である。

土木学会附属土木図書館の「戦前絵葉書ライブラリー」には天橋立の小天橋(回旋橋)の写真が48点保管されている。年月が記載されていないものも多いが、昭和初期から10年前後に撮影したものと思われる。中には「舞鶴要塞司令部検閲済」と時代を表す記述もある。

初代の小天橋（1936［昭和11］年５月11日）。４径間の中央２径間が旋回する可動桁である。

提供：土木学会附属土木図書館

現在の小天橋は1960（昭和35）年に新三菱重工の神戸造船所で製作された。３径間のうち２径間が旋回する。桁側にモーターが搭載され、円形の橋脚上を旋回する（2016年撮影）。〔I〕

桁が90度まで旋回するのに要する時間は70秒ほどである。開閉の頻度は、少ないときで1日数回であるが、多ければ50回にもなるそうである。天橋立の小天橋は、おそらく現存する可動橋の中では最も稼動頻度の高い橋と思われる。

橋の開閉の運営は、3名で行われており、船が近づくと2名が桁の両側に立ち、橋の利用者の通行止めと、旋回の開始・停止の合図をする。これに従ってもう1名が橋のすぐ脇にある操作小屋で電動モーターの操作を行う。

港湾地域の可動橋

大正から昭和初期にかけて建設されたものでは、まず、大阪旧北港運河に、1926(大正15)年に架設された跳開式可動橋の正安橋がある(1999[平成11]年解体撤去)。幅員は7・4メートルで橋長は48・92メートルであった。1928(昭和3)年に神戸で架設されたプレートガーダーの跳開式の高松橋は、アメリカの橋梁《きょうりょう》会社で実務経験をもつ増田淳《ますだじゅん》の設計による比較的規模の大きい橋であった。

鉄道用の可動橋が架けられたのは、昭和に入ってからである。多くは臨港線が運河や河川を横断する場所に架けられ、形式はすべて下路式の鋼プレートガーダーであった。1927(昭和2)年に、大阪桜島線の北港運河にスパン17・0メートルの跳開式可動橋が架設された。また、名古屋市港区の堀川には名古屋港跳上橋が架設された。この橋の設計はアメリカで設計実務の経験をもち可動橋に精通した山本卯太郎《やまもとうたろう》（1891〜1934年）の設計である。この橋は登録文化財の現役の橋である。

1928（昭和3）年には、大阪臨港線が天保山運河、運河支川、三ツ樋入堀の3か所を越える場所で、同一スパン24・69メートルの昇降式可動橋が架設された。

これ以外に1929（昭和4）年に東京臨港線の汐留・芝浦間（スパン27・6メートル、跳開式）、1931（昭和6）年に塩釜線の貞山堀（スパン13・2メートル、昇開式）が架設された。これらのほとんどは現存しないが、1935（昭和10）年に、筑後川を越える旧国鉄佐賀線の鉄道橋として竣工した筑後川昇開橋《しょうかいきょう》は、鉄道は廃線となっているが遊歩道に転用され

筑後川昇開橋（1935年、福岡県／佐賀県、重要文化財）。中央付近の長さ24.2mの桁が23mの高さまで上昇する。現在は上昇した位置で固定されている（2009年撮影）。〔I〕

重要文化財として現存する。中央の長さ24・2メートルの桁が23メートルの高さまで上昇する昇開式可動橋である。

1931（昭和6）年竣工の三重県四日市市の千歳運河に末広橋梁が架設された。この橋は日本国内では現役唯一の跳開式可動鉄道橋である。この橋の設計も山本卯太郎である。この橋は、筑後川昇開橋とともに、可動橋として重要文化財指定を受けている。

道路可動橋

跳開橋や昇開橋は、可動橋として最も多く建設された形式で、可動橋を代表するものである。特に跳開橋は、アメリカで実績が多く、現在も稼働中のものも多い。1940（昭和15）年に隅田川の最下流の築地・月島間に架けられた勝鬨《かちどき》橋は、橋長246メートルのうち中央部45・6メートルが双葉式跳開橋でシカゴ式と呼ばれる方式である。清洲橋、永代橋と同様

勝鬨橋の最後の跳ね上げ。1970（昭和45）年の跳ね上げを最後に可動桁は固定された。

提供：土木学会附属土木図書館、1970年11月29日、安河内孝撮影

に中央部に路面電車の軌道のある幅員22メートルの大規模橋であった。可動橋の代表例とされることもあるが、1970（昭和45）年の跳ね上げを最後に可動桁は固定され、電気系統も撤去されて固定橋となった。2007（平成19）年に同じ隅田川の震災復興橋梁の清洲橋、永代橋とともに重要文化財に指定された。

勝鬨橋については、跳開の機能の回復を望む声もあるが、仮に回復するとしても、電気系統の設備だけではなく、その後の床版《しょうばん》などの改造で構造バランスも変化しており、大規模な改造による相当の時間とコストがかかるものと思われる。

愛媛県の長浜大橋は、増田淳の設計および施工管理によって、勝鬨橋より5年前の1935（昭和10）年8月に完成した道路用の跳開橋《ちょうかいきょう》として初期のものである。現在も開閉する現役の跳開橋として重要文化財の指定を受けた。

長浜大橋（1935年、愛媛県、跳開橋）。勝鬨橋より5年早く完成した（2013年撮影）。〔I〕

橋事情余話

変わり種の可動橋2種

スペイン北東部のバスク地方、ネルビオン川河口付近の港湾都市ビルバオに架かる世界遺産のビスカヤ橋は、変わり種の可動橋の例である。桁から吊り下げられたゴンドラが川の両岸を往復して人や車を運ぶ運搬橋と呼ばれる形式である。

　川沿いに立地する工場や港から大きな船が行き交うため、桁下の低い橋は架けられない。といって桁下空間を大きくすると、アプローチの陸橋区間が長くなり、川のすぐ両岸の物流や人の往来には不便となってしまう。そこで高さを確保すると同時に、フェリーのように両岸の間をゴンドラが行き来できる

運搬橋が建設された。桁長は１６４メートルで、桁下は水面から45メートルある。この桁を両岸のアンカレッジ*で固定され塔の間に張りわたされたケーブルが吊っている。桁にはレールが敷かれ、

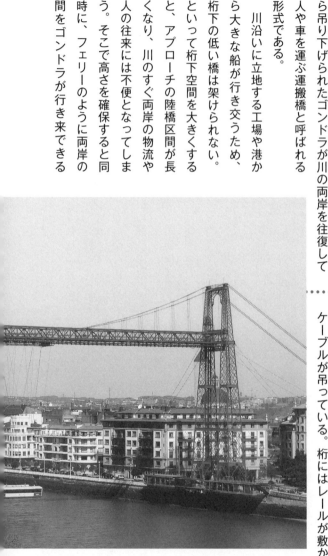

レール上を移動する台車がゴンドラを吊る。ゴンドラは一度に6台の車と300人の歩行者を運ぶことができる。川幅150メートルを2分程でわたり、日中はエンドレスに運行されている。

1893年に建設されたビスカヤ橋以後、20橋程度の同種の橋がフランスを中心に建設されたが、現存するものは5橋のみである。このうち、ビスカヤ橋は稼働している運搬橋として世界最古である。

可動橋の範疇から少し外れるが、拡大解釈すれば可動橋の変種ともいえる運河の昇降施設がある。水位の異なる運河の間を船が行き来するための設備としては、閘門《こうもん》や、斜面に敷設したレール上を移動させるインクラインが一般的である。これらに対して、ボートリフトは、船を曳きいれた箱形のプールをそのまま一気に昇降させて、水位差を克服する設備である。

イギリスの中西部のチェスター付近で、水位差

ビスカヤ橋（スペイン）。世界遺産に登録された運搬橋。高い位置の桁から吊られたゴンドラが両岸を往復する（2015年撮影）。〔I〕

用語解説……**アンカレッジ**●吊橋のケーブルから伝わる引張力《ひっぱりりょく》を、地盤や桁などへ伝達する構造部分。

15メートルのウェイバー川とトレント・マージー運河の間を結ぶ場所に位置するのがアンダートン・ボートリフト（昇降装置）である。

2基の箱形のプールは両端にゲートがあり、長さ22・7メートル、幅4・7メートルの錬鉄製である。このボートリフトは、ヨーロッパで建設されたこの種の施設の先駆けとして、1875年に建設された。1904年に改修されたときの大改造で電動に改造された。

ボートリフトの稼働する時期には、2名の係員が配置されて、ゲートの開閉、ジャッキなどの操作をしている。天気の良い季節には、周りの芝生に寝そべってボートの昇降を見物する人も多い。

アンダートン・ボートリフト（イギリス）。水位差15mの川と運河の間に船を昇降させる装置で、現在も使われている。左の桁の先端がプールとなっており、この部分が昇降する（2015年撮影）。〔I〕

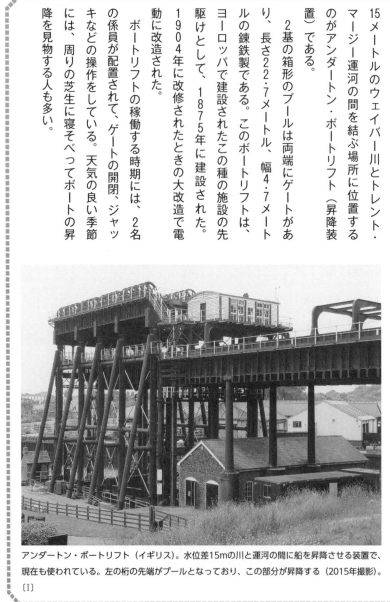

六郷川橋梁。国内初の鉄道である新橋・横浜間鉄道が六郷川（多摩川）をわたる場所に架けられた木造トラス。

7

木造橋の構造

近代以前の伝統的木造橋の上部構造は、ほとんどが梁《はり》であった。日本の橋が近代になって欧米の橋と出合ったときに際立った最も大きな違いは、鉄を材料としなかったこととあわせて、この梁づくしにあった。

欧米では、アーチとともに、部材を組み合わせて高さ方向にアーチ形や三角形の骨組みを組み上げたトラス構造が盛んに使われていた。

ここでは、まず理科系の知識を少し動員して、梁がどのようなしくみで、構造物として成り立っているのかについて見てみる。次いで、欧米における構造解析に関する古典力学への初期の歩みとして、ガリレオ・ガリレイの梁のしくみの説明や、ロバート・フックの弾性体力学へのアプローチをたどる。

その上で、近代以前において、梁づくしの日本の木造橋の構造と欧米の橋の構造との違いを生んだ背景には何があったのかについて探ることとする。

梁《はり》の力学

曲げ抵抗のしくみ

まず、梁とは、そもそもどのようにして、上にのった荷重に抵抗しているのか、今日の私たちの力学的な理解について、確認をしておきたい。

梁とは、二つ以上の支点の上に水平方向にわたした横木の部材で、上にのった荷重に対して、曲げ強さで抵抗する構造物である。身の回りを見ると、梁の働きをしているものは、たくさんある。たとえば、両端でささえられたベンチ、テーブルや机の天板なども梁構造である。もちろん建物には、床、天井、屋根などに、柱で支えられ、途中に空間を確保する梁が多数使われている。

梁の上にのった荷重が、梁を支える支点に伝えられる、ということは、梁が荷重によって曲がろうとする力に抵抗できるからである。梁に人や物がのると、それらの重さでわずかではあるが、梁は下側に垂れ下がるように曲がる。一方が壁などに固定され、先端が突き出た水泳のジャンプ競技の飛び板も、片持ち梁という梁である。飛び板の先端に人がのると、梁は上側に凸のカーブを描いて先端が垂れ下がる。このとき、梁の内部では、それ以上曲がらないように、上にのった重さに応じて木材の内部で力（応力という）が発生する。これが、曲げようとする力に梁が抵抗するということである。

割りばしでイメージ

やや長めの割りばしの両端を握って、下側に反るように曲げる状況をイメージしよう。どんどん曲げる力を強めれば、やがて割りばしは中央付近で「バキッ」と折れてしまう。この様子を力学的にみると、両端で握られた割りばしは、正方形断面の割りばしの高さ方向の真ん中より上側に、押付ける力（圧縮）が作用し、下側には引っ張る力（引張力）が発生している。

力を加えて、折れてしまった状態は、割りばしの上下面に発生した力に、木材が耐えられなかったということである。

梁に発生する力は、梁の上縁と下縁で最大で、梁の高さの真ん中でゼロとなる三角形の分布となっている（図参照）。高さの真ん中が圧縮から引張に変わる点で、離れるにつれて力は大きくなる。

ここで、中学校の理科で習った「仕事と偶力《ぐうりょく》」を思い出して欲しい。シーソーや、滑車の絵で説明されることが多いので絵を覚えているのではないだろうか。梁が〝曲げ〟で抵抗するということは、梁の上側に発生している押付ける力と、下側の引っ張る力

割りばし（梁）の応力状態

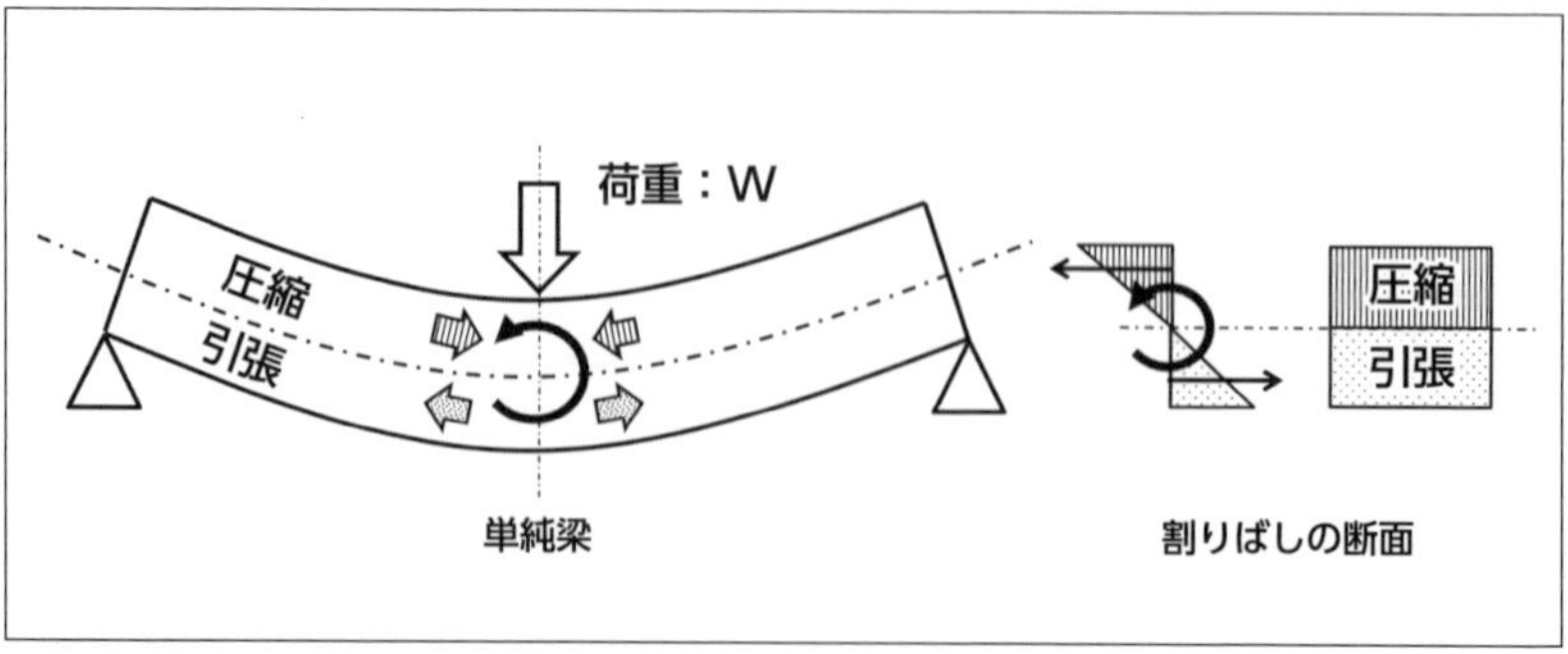

割りばし断面の上半分は圧縮、下半分が引張の応力が発生し、この応力の偶力が梁に作用している曲げモーメントとバランスしている。

の作り出す偶力が、人や物がのることによって梁を曲げようとする力とバランスしている状態にあることである。上にのる人や物が重ければ、梁に発生する引っ張る力や押付けあう力は、より大きくなる。これが、今日理解されている梁の構造メカニズムである。

ヨーロッパにおける古典力学のはじまり

今日私たちの梁のメカニズムを理解する知識のもととなる古典力学は、ヨーロッパにおける16世紀から19世紀までの約300年の科学の発達によって獲得されてきた。古典力学の確立で、もっとも重要な人物をあげるとすれば、誰でも知っているガリレオとフックである。芸術、科学全般の天才といわれたガリレオ・ガリレイ（1564～1642年）は、経験や観察をもとに実証的力学の研究によって、梁のしくみの力学的説明を最初に試みた。一方、ガリレオの孫の世代であるロバート・フック（1635～1703年）は、有名なフックの法則で弾性体力学の扉を開いた。

ガリレオは、壁から突き出た梁の先端に重しを吊り下げた片持ち梁にどのような応力の分布が発生するかについて説明をしている。ガリレオによれば、梁の根本に発生する最大の梁断面応力度は、断面に一様な等

ガリレオの片持ち梁に関する命題のモデル。
出所：『新科学対話　上（岩波文庫）』岩波書店、1961年

分布の応力度としている。これは、ガリレオが1638年に著した『新科学対話』に示されている。

　今日、私たちが学ぶ力学の知識によれば、先端に下向きの力の作用する壁から突き出た片持ち梁は、上に凸のカーブを描いて先端が沈みこむたわみ変形が生じ、梁の断面応力度は上側に引張応力、下側に圧縮応力が発生することが知られている。

　この応力度分布は、梁の上縁で最大の引張応力度が発生し、梁高さの真ん中の中立軸でゼロとなり、梁の下縁で最大圧縮応力度となる三角形分布となる。ところがガリレオは、梁の断面に一様な等分布の応力度が発生すると説明している。この違いは、ガリレオの時代には、作用する力に応じて梁が変形するという考え方はまだなかったことによる。

　仮に、梁は変形が起こらないと考えるとどうなるか。この場合、梁の根本の下端点を回転中心として、片持ち梁は、壁の根本の位置で、梁の先端に作用する錘により発生

ガリレオの変形のない片持ち梁

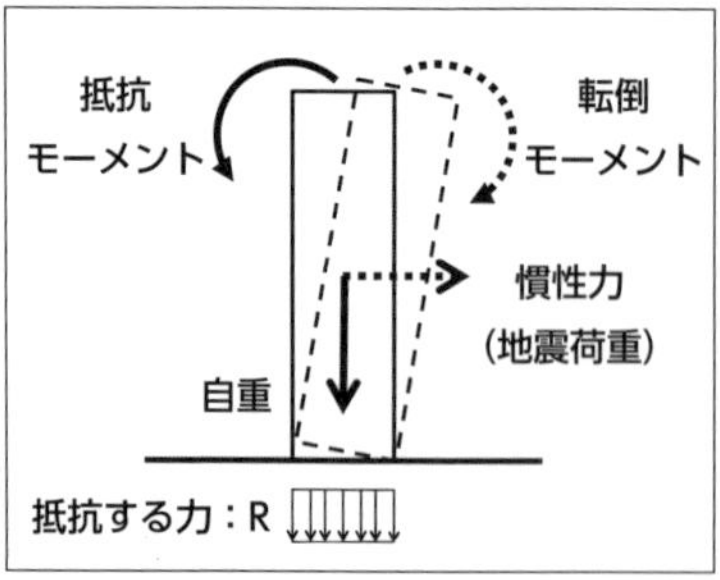

地震時の墓石の安定はガリレオの変形のない片持ち梁と同じ。

先端に荷重Wの作用する梁のたわみと応力度

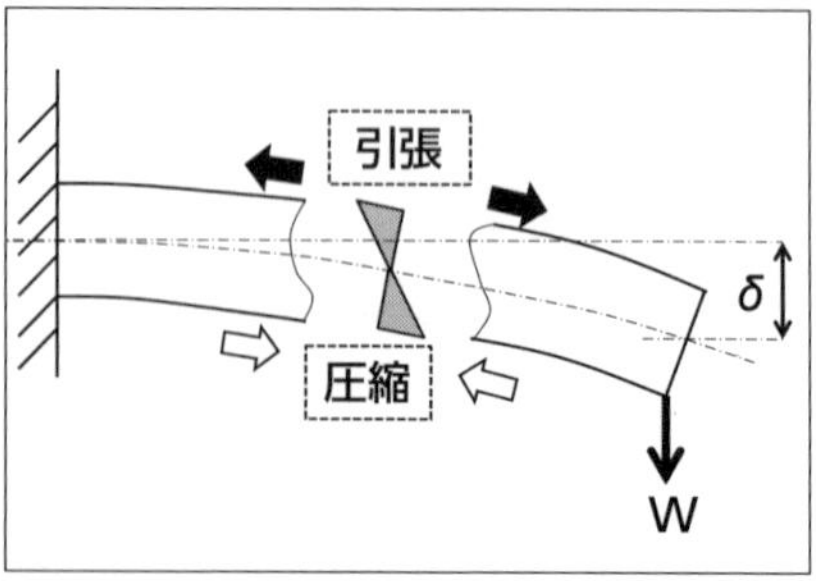

今日の理解では片持ち梁は上に凸のカーブを描いて先端が沈みこむたわみ変形が生じ上側に引張応力、下側に圧縮応力が発生。

する回転モーメントによって、重力方向に傾こうとする。これに対して抵抗する力（R）を、梁断面で等分布に受けると考えたのがガリレオの説明である。

これは、地震時の墓石に作用する転倒させようとするモーメントと、墓石自重で抵抗するモーメントのつり合いと同じである。これをちょうど90度回転したのが、ガリレオの片持ち梁の説明である。

構造物は弾性体!?

では、構造物は弾性体であるという考え方は、どのようにはじまったのか。中学校の理科の時間に習ったフックの法則が、この弾性体力学のはじまりである。

フックの法則とは、「長い針金の下端に重りを吊り下げる現象を観察すると、針金の伸びる量は、重りの大きさに比例する」ということである。横軸にばねに加える力、縦軸にばねの伸びをとると、一次比例をするので、直線のグラフが描ける。橋を科学する点から重要なのは、「針金やバネのような弾力性のある物体を引張ったり、圧縮して生じる変位と、これを最初の状態に戻そうとする力の強さは比例する」ということである。

フックがこの法則を発表したのは、１６７６年のことである。ラテン語で「Ut tensio, sic vis ―（ウト・テンシォ・シク・ウィース）」と表現したそうである。これは、英語では、「As the extension, so the force」と訳され、日本語でも「伸びに応じて、力ありき」と詩的な表現となる。

つまり伸びと力は比例する、ということである。

フックは片持ち梁について、梁は上側が凸となる変形が起こり上側に引張応力が、下側には圧縮応力が発生することを論文で発表している（*De Pontetia Restitutiva,*［バネについて］、１６７８年）。フックによって、梁の挙動の理解の基本である弾性体の世界へと踏み込んだのである。

ガリレオによってはじまった実証的な力学研究は、その後の発展を経て、19世紀前半に、古典力学と呼ばれる構造力学の方法の確立につながる。これはちょうどタイミングよく19世紀以降の産業革命後期の鉄道、道路などの大量建設時代において橋やインフラ構造物の工学技術を支える知識となった。

中世以後の欧米の木造橋

ヨーロッパでは、ガリレオからはじまった力学が19世紀の古典力学の確立に向けて発達する間、中世からの木造橋の歴史の上に、新たな木造橋も建設された。

スイスやオーストリアでは、中世以前から屋根つきの木造橋が建設され、その後の木造アーチやトラスにつながった。18世紀から19世紀のヨーロッパでは、木の単材をアーチ形や三角形に高さ方向に組み上げた形が出現した。ヨーロッパの木造橋は、17世紀以降、新大陸にわたった人たちによってアメリカのニューイングランド地方を中心に建設された。19世紀にイギリスからの入植者を中心に増加したオーストラリアでは、木造トラスが建設された。

オーストラリアの木造トラス（ニューサウスウェールズ州）。1900年頃に建設された（1996年撮影）。〔I〕

スイスのカペル橋。1300年頃に建設され、ヨーロッパ最古の木造橋であったが、1993年に一部が焼失。翌1994年に再建された（2000年撮影）。〔I〕

ヨーロッパの屋根つきの木造橋で有名なのが、１３００年頃に建設されたスイス、ルッツェルンのカペル橋である。チューリッヒから南に60キロメートルほどの湖のほとりに開けたルッツェルンは、中世にはドイツからイタリアへ抜ける主要街道の通る街であった。中世のほかの都市と同様に、ルッツェルンも周囲を城壁で囲まれていたが、橋は川を横断すると同時に、湖から川をさかのぼって侵入する外敵を防ぐ城壁の代わりとして、河口付近に建設された。

ヨーロッパ最古であったが、１９９３年８月に橋に係留されていたボートからの出火で全体の約３分の２が焼け落ち、その後、旧橋の木を利用して再建された。

一方、イギリスのケンブリッジ大学クイーンズカレッジのキャンパスを流れるケム川にも、18世紀中頃に建設された数学橋という名前のついた木造橋がある。また、パリのセーヌ川の中洲のシテ島に、19世紀初めに架けられた木造アーチの図面が残っている。このシテ橋は長さ31メートル、幅員は１０・２メートルで、図面では、左側のスパンに木組構造、右側が外装の板張りが施された状態が示されている。

数学橋（ケンブリッジ大学、ケム川）。18世紀中頃に建設された。構造的には両岸で水平力も支えるアーチで、同時に、曲げにトラスで抵抗するトラスのアーチ構造となっている。〔I〕

①1830年代　ロング

②1840年代　ハウ

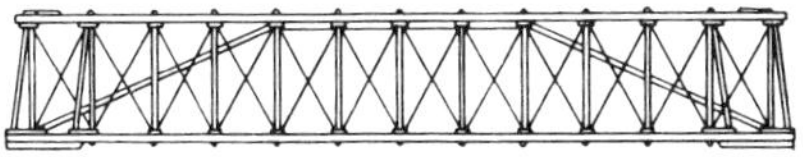

③1844年　プラット

④1840年代末　ハウ

⑤1840年代末
ホイッスラー、メルニコフ

1830〜1840年代のヨーロッパにおけるいろいろなトラス。

出所：J. G. James. "The Evolution of Iron Bridge Trusses to 1850", *Transactions of the Newcomen Society. Volume 52, Issue 1*, 1980, *Newcomen Society*, 1981.

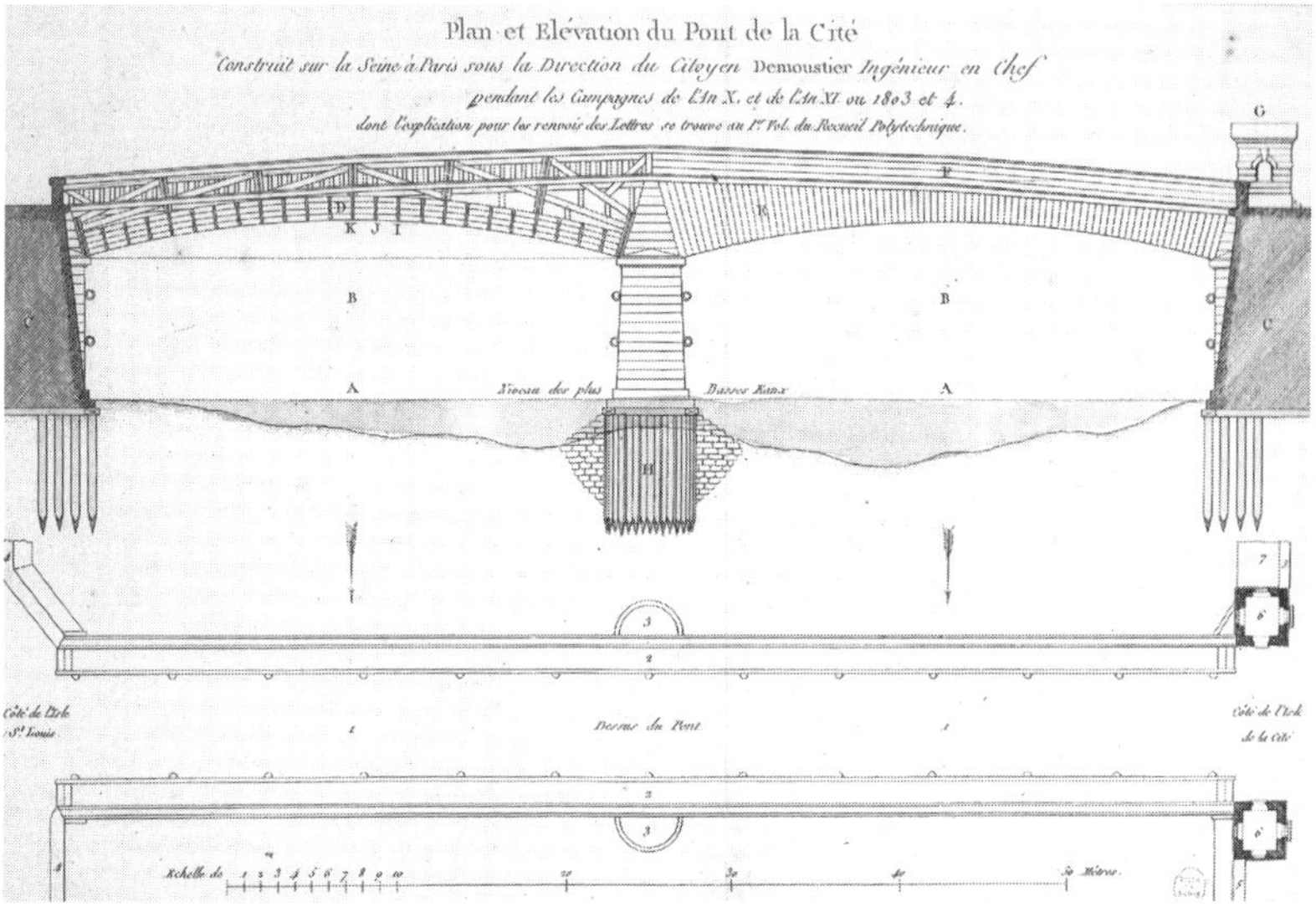

木造のシテ橋の図面（パリ、19世紀初め）。パリのセーヌ川の中洲のシテ島に架かる木造アーチ。左側に木組構造が示され、右側が外装の板張りが施された状態を表している。下流側から見た側面で右手がシテ島。
出所：『セーヌ川に架かる橋　パリの街並を彩る37の橋の物語』東日本旅客鉄道、1991 年

梁《はり》からトラスへ

●梁づくしの伝統的木造橋

さて、本題である。近代以前の日本では、伝統的木造橋の上部工のほとんどが、梁であった。橋だけでなく、建築においても、ヨーロッパにはない柱と梁の継手の発達があったが、屋根の骨組みである小屋組など柱に支えられた水平の部材は、やはり梁づくしであった。橋も建築も、水平方向の木造の部材は、梁にとどまりそれ以上の変化はなかった。これは、奇橋と呼ばれた甲斐の猿《さる》橋（→P35）や越中の愛本橋（→P35）、あるいは寺社建築の軒を支える桝組（あるいは斗組）のように、洗練化はあるものの、構造形式としては、あくまでも梁の延長上であって一線を越えていない。なぜ梁以外の構造の選択をしなかったのであろうか。

明治初年に、土木を専門とするお雇い外国人が、日本の伝統的な橋を原始的と評価したのは、木造でわずか数年の寿命であった耐久性の低さに加え、構造的にもほとんどが水平に張りわたした単材の曲げ抵抗のみに期待する梁に終始し、部材を組み合わせて高さ方向に構造体を構築するトラスやラチス構造が、皆無であったことにもよるものと思われる。同時期の欧米では、様々な木造のトラスやアーチが考案され建設されていたことと対称的である。

近代以前の木造橋では、梁を支える橋脚には、柱の間に筋交いを用いる例は見られたが、この筋

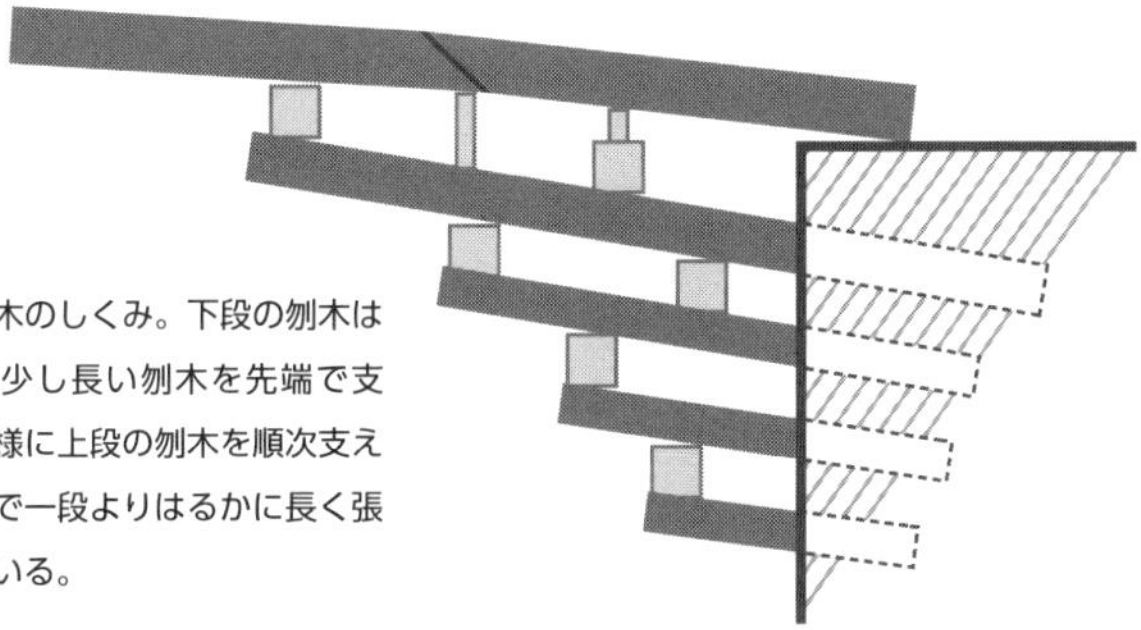

刎橋《はねばし》の刎木のしくみ。下段の刎木はすぐ上の少し長い刎木を先端で支える。同様に上段の刎木を順次支えて、全体で一段よりはるかに長く張り出している。

刎橋の岸付近の刎木は両岸に埋め込まれた多段に重ねられた張出梁を構成。〔I〕

交いを縦にしたように、高さ方向に木材を組み合わせて構造体を構築することは見られなかった。トラス構造は、結局は、幕末以降に欧米からの近代技術としてもたらされた。梁に終始した近代以前の日本の橋の構造は、石造《せきぞう》アーチ構造の採用がヨーロッパ、中国より1000年以上も時間差があったこととあわせて、謎である。日本の橋の歴史における近代で最初の大きな変化は、梁からの脱却であったともいえる。

国内でのトラスの出現

小屋組のトラス

国内で最初に、トラスが使われたのは、橋ではないが、おそらく1860（万延元）年に、長崎製鉄所をオランダの技術支援で建設したときの工場建屋の小屋組のトラスと思われる。三菱重工長崎造船所史料館には、オランダ人技師と製鉄所役員が、地組された錬鉄のトラスとともに写る写真が展示されている。

長崎製鉄所の工場建屋の小屋組トラス（1860年）。〔I〕　三菱重工長崎造船所史料館蔵

富岡製糸場（1872年、国宝）の小屋組トラス。〔I〕

日本の伝統小屋組

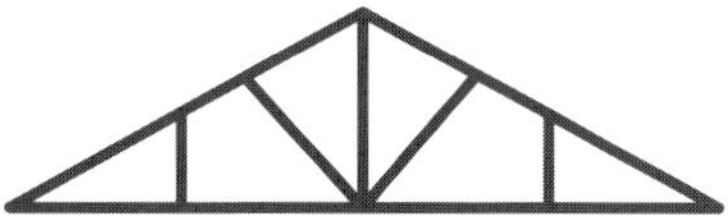
小屋組トラス

細長い部材を高さ方向に三角形を基本にいくつも組み合わせて構成されるトラスは、単材の梁よりも、大きなスパンを途中で支えることなしに耐えることができる。工場内での作業のためには、柱のない空間が必要で、このために屋根を支えるには、大きな梁が必要となるが、この梁に代って使われたのがトラスの小屋組である。

蒸気機関を動力とする工場は、長細い建屋の一番端に蒸気エンジンを据え、建屋の長さ方向に沿って天井の中央を縦貫するようにプロペラシャフトを回転させることで、動力の供給をしていた。

長崎製鉄所が建設された5年後には、島津斉彬によって鹿児島で近代的な工場が建設された。重要文化財の尚古集成館として現存する機械工場であった建屋の小屋組には、やや太目の梁の名残をとどめる下弦材のトラスが用いられた。明治に入り１８７２（明治５）年に開業した富岡製糸場や、鉄道寮新橋工場などの小屋組に木造や鉄骨のトラスが採用されている。

橋では、１８６９（明治２）年に横浜でやや目の細かいワーレントラスの吉田橋が建設された。当時の橋は現存しないが、現在の吉田橋の高欄《こうらん》のデザインにラチスともいえる細かいトラスの面影を留めている。

最初の鉄道トラス

１８７２（明治５）年に開通した新橋・横浜間の日本で最初の鉄道には、23橋が架けられた。すべてがヒノキの木造で、このうち一番大きな橋であった多摩川をわたる六郷川橋梁にはトラスが採用された。これらの木造橋は、もともと長く使うことが想定されておらず生乾きのヒノキで架設され、わずか数年で腐食してしまった。23橋すべての木造橋は、１８７７（明治10）年前後に鉄橋に置き替えられ（↓P109）、開通時の橋はわずか5年の寿命であった。

●近代以前の木造橋はなぜ梁構造のみなのか

ヨーロッパでは、中世からの木造橋の伝統の上に、18、19世紀には、単材を組み上げてアーチやトラスなどのいろいろな形の木造橋が建設された。これに対して、日本では、もっぱら梁構造で建設されてきた。この違いは何によるのか、なぜ近代以前の日本では、梁を超える構造形式の橋の出

現在の吉田橋。ラチスの方格をイメージしたデザインの高欄（2016年撮影）。〔I〕

木造トラスの六郷川橋梁。手前側が横浜方面。

出所：『フランス士官がみた近代日本のあけぼの　ルイ・クレットマン・コレクション』アイアールディー企画、2005年

現がなかったのだろうか。この要因をあれこれ探ることは、同時に橋の文化の違いを探る作業でもあり、容易ではないが面白い命題として、その推測を楽しむことはできる。

まず、要因のひとつとして、「梁で間に合っていた」ことがあるかもしれない。必要性がなかったから梁を越える構造の出現はなかった。日本の橋は、荷馬車などの重いものではなくもっぱら軽量な歩行者の通行を前提としていたため、これらの荷重に対して梁の曲げ抵抗でしのげた。産業革命後における動力を使う工場のような広い作業場も確保するための大空間も必要なかった。

もちろん、台風、洪水、地震など、頻繁に襲う天災による大きな荷重がある。しかし、もともと長寿命を想定しない仮設的な考え方がベースにある国内のインフラ施設にとって、地震、

台風の大きな外力は、克服すべき荷重ではなく、いわば免責事項であったといえる。

多くの伝統的な木造橋の平均寿命は、数年程度から10年程度であることからすれば、近代以前のインフラ施設で永久構造はあり得ず、常に仮の施設の継続であった。したがって精緻で大掛かりな構造の橋の建設動機はなかったとみるのが妥当である。

明治維新以後の欧化政策による西欧技術の導入は、近代における壮大な技術移転の実験であり、世界の歴史で、きわめて短期間に、あらゆる分野の技術導入に成功した例として知られている。急速な近代化を可能とした要因のひとつに、近代以前からの寺子屋の普及や、高い識字率、算数（和算）の存在があげられる。これは留学生、外国人技術者のもたらした限定知識を、広く国内に普及するために、大きな威力となったことは間違いない。

しかし、この近代以前からの素養が、技術発展の内発的力となったかどうかは、疑問である。西欧における分析的な科学の発達に対して、国内では、近代以前の伝統的な理工系の知識には、力学をベースとした学問体系が存在しなかった。もちろん、数学については、和算の存在が指摘されるが、「和算は学問よりも芸能」（『近世日本の科学思想（講談社学術文庫）』）として発達し、実用のための学問とは認識されていなかった。つまり、数学は実用のための工学への適用につながらず、クイズとして命題を解くという芸事の範囲を超えることはなかった。

近代化、産業革命の開始にあたり、西欧の技術に突然直面した若い侍たちに求められたのは、語学は別として、砲術の弾道計算であり、航海術のための幾何学であった。大砲や銃、黒船は購入できるが、それらを操るには数学、物理をベースとした知識が必要であった。幕府の最初の蒸気船は、オランダから1854年に購入したスンビン号という船であったが、同時に操船の伝習も受ける必要があった。このために設立されたのが長崎の海軍伝習所で、通訳を介したオランダ語の授業で、航海術を学んだとされる。このために必要な代数、幾何、平面・球面三角法などには、和算の素養はまったく歯が立たなかったといわれる。もっとも、和算自体が学問として当時の武士に学ばれてはいなかった。このため伝習は困難をきわめたことが想像される。これらの困難さは、文科系の生徒が理工系の学部に入学して、いきなり構造力学の講義を受けることを想定すればわかる。ただ、実用として蘭学を学んでいた佐賀藩から伝習に参加した生徒は、理解ができたといわれる（『日本海軍お雇い外人　幕末から日露戦争まで（中公新書）』）。

結局、近代以前に国内に存在した理系の知識は、明治以後の技術導入において直接威力を発揮することはなかった。近代以前の素養は、内発的な技術革新につながることにはならず、近代以前に木造橋を梁から脱却させる原動力にはならなかった。

トラス構造の訳語表現

明治以後の橋と、それ以前の橋を明確に分ける特徴が、鉄という材料を使うようになったことともに、梁《はり》以外の構造としてトラスが使われるようになったことがある。

1869（明治2）年の横浜吉田橋は、国内で最初の鉄のトラスであり、1872（明治5）年に開通した新橋・横浜間鉄道が多摩川をわたる箇所に架けられたのが、最初の鉄道トラス（木造トラス）であった。この後、鉄道建設にともなって、桁では長すぎる場所に、70フィート（約21メートル）、100フィート（約30メートル）の標準タイプの錬鉄トラスが多数欧米から輸入されて架けられていった。

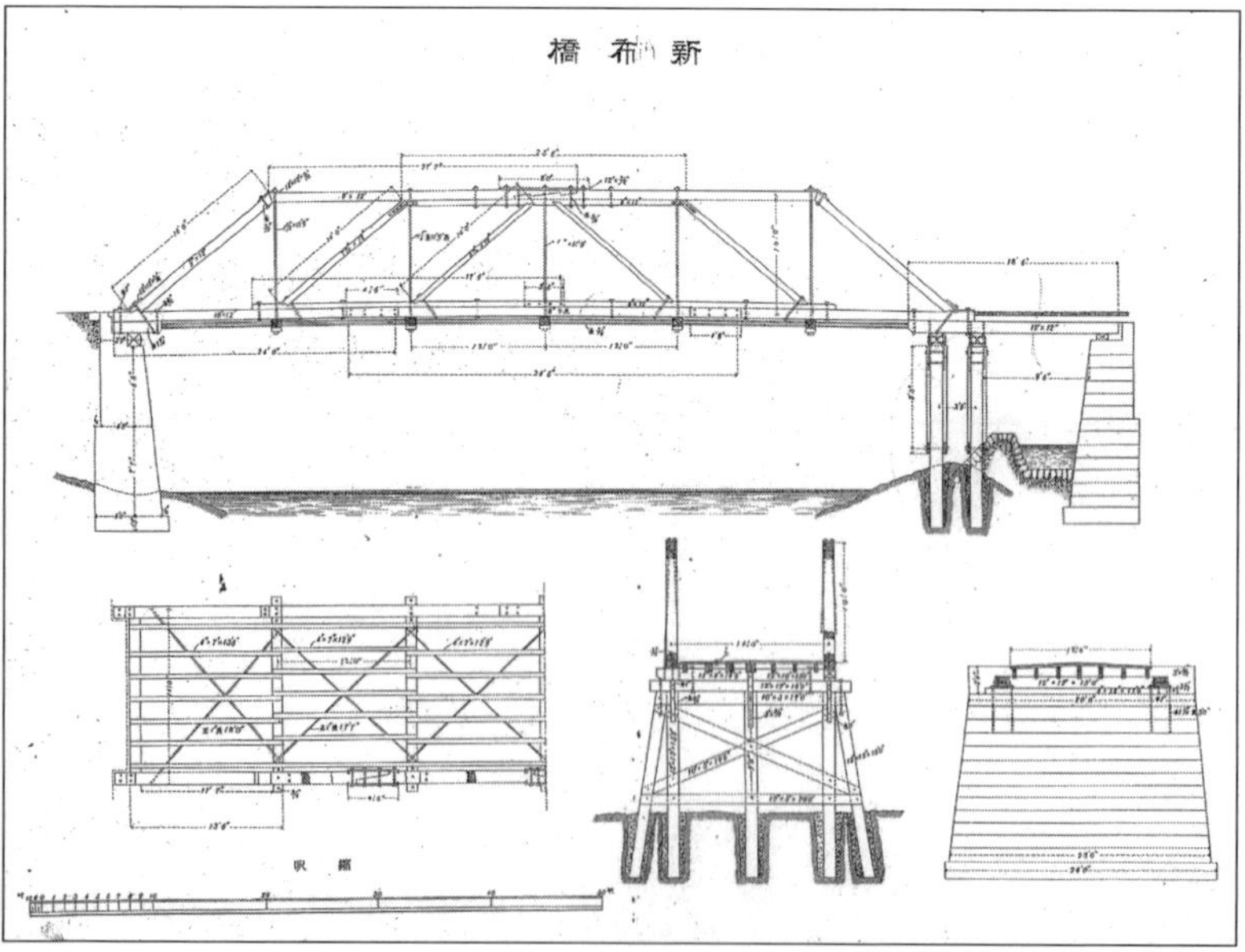

1893（明治26）年発行の木造トラス図面集『木橋圖譜』より「新布橋」の図面。

出所：『木橋圖譜　第二輯』工学書院、1893年

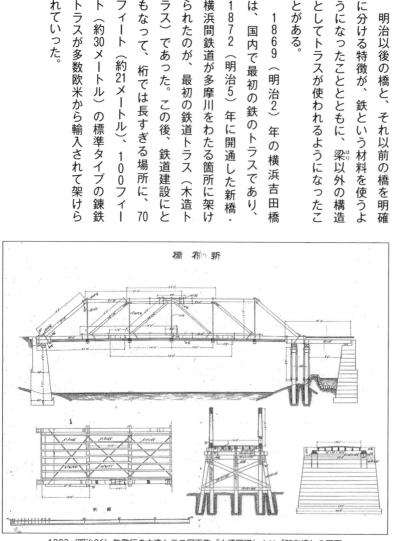

★方格構桁（ラチス桁）

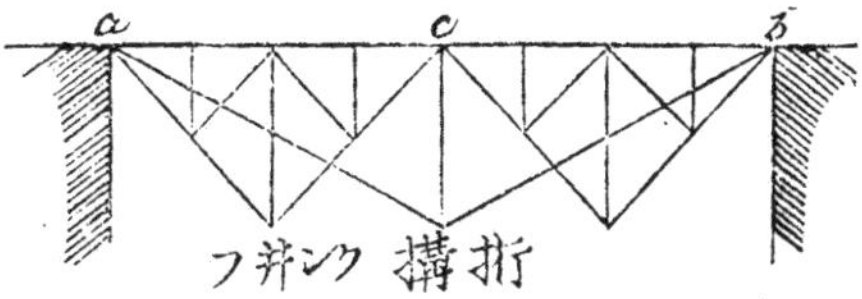

★フヰンク構桁（フインクトラス）

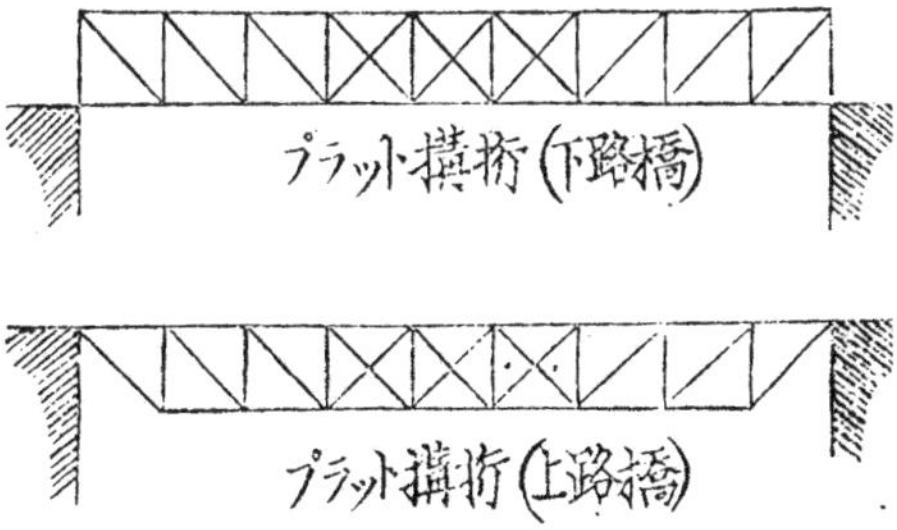

★プラット構桁（プラットトラス）

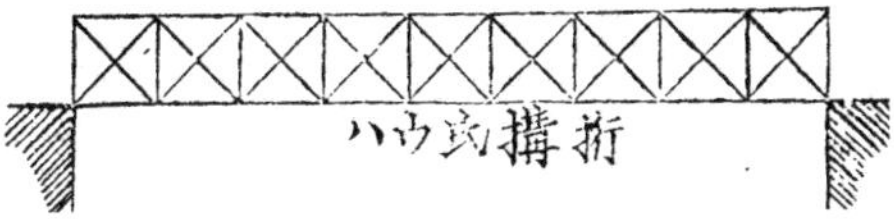

★ハウ氏構桁（ハウトラス）

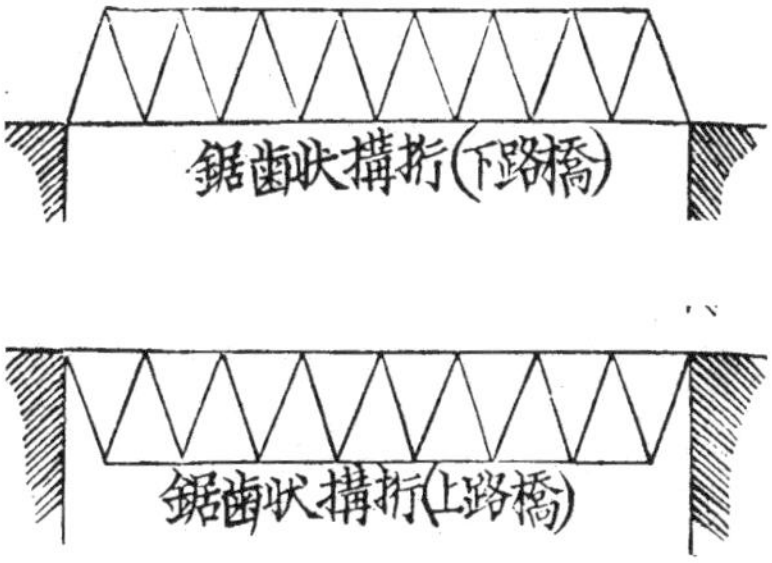

★鋸歯状構桁（ワーレントラス）

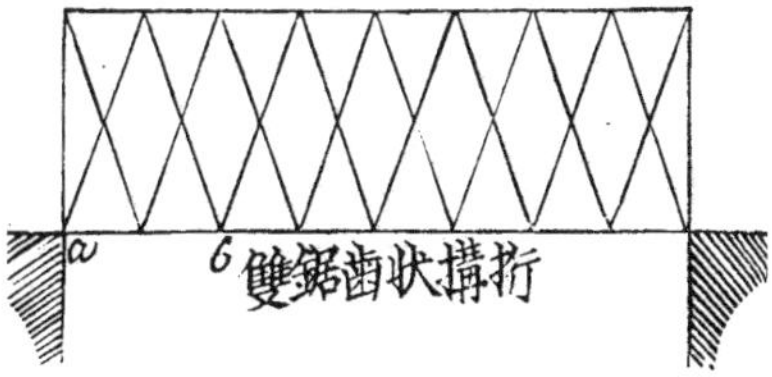

★雙鋸歯状構桁（ダブルワーレントラス）

★トラス構造の和訳。（　）内は現在使われている名称。

出所：『橋梁論』工談會、1893 年

明治20年代になると、日本語の橋梁の教科書や、標準トラス図集も発行されるようになった。木造トラスは地方の道路橋として建設されて普及していった。

このように、明治以前にはまったく見られなかったトラスが、明治維新とともに導入されるようになり、トラスや各部位に対する新たな日本語の表現があてはめられた。

明治時代は、あらゆる分野における新たな文物に日本語表現が創り出された。それらは今日まで使われて日本語として定着した用語もあれば、泡沫のごとく一時的に使われて忘れられていった表現もある。今日広く使われている例としては、たとえば、「社会」、「自由」、「権利」、「個人」、「愛」、「憲法」などは明治前期に外来語にそれぞれあてた訳語表現であった。

これと同様に、橋梁分野のトラス構造でも新たな用語が創りだされた。定着したものもあれば、今日では使われていないものも多い。一例を示せば、今日「ワーレントラス」と呼んでいるトラス構造に「鋸歯状構桁」、「ラチス桁」に「方格構桁」などをあてている。また、「リベット継手」にあてられた「綴釘關節」、「ピン継手」の「軸串關節」、「アイバー継手」の「串眼關節」なども、今日まったく使われていない用語である。

「鋸歯状構桁」（ノコギリの歯のような構桁）の表現は、読めばわかるが使われなくなってしまった。福沢諭吉は、society を最初「ソサエチー」とカタカナで訳し、次いで定着しなかったが「仲間連中」と訳した時期があったそうである。読めば意味はわかるがピンとこない表現である点で、トラスの「鋸歯状構桁」と共通する。

1877（明治10）年に建設された桂川橋梁。大阪・京都間鉄道が桂川をわたる所に架けられた。全長344.4m。

8

橋の建設と契約

構造物としての橋は、モノであるが、橋の建設を注文することは、注文の契約を取り交わした後に橋の建設を行うという行為を手に入れることである。橋は注文が成立したあとに、はじめて建設が開始され、橋が実際にモノとしてでき上がるのは注文時点からかなり先のことになる。

注文の契約の中で重要なことは、建設を行う間に起こり得るあらゆるケースに対して、想定の範囲内にあるようにその対処方法をあらかじめ取り決めることである。それだけに、橋や道路、灌漑《かんがい》用水などの公共施設の建設を誰が、どのような方法で、いかなる資金を使って行うかを取り決める建設契約には、その国、地域の昔からの慣習や商取引の常識、地域の人々の公共施設への認識などが色濃く反映されている。

ここでは、江戸期以降の日本の橋の建設契約の変遷についてたどることで、日本人の仕事の進め方の特徴を見ることとする。

橋の注文方法

橋を架けるためには、いろいろな立場の人々の関わりがある。予算・資金の手当てをする人や、設計に関与した人、そして建設現場で架設工事に携わった人など、いずれも「橋を架けたのは私です」といえそうである。

計画を立ててから橋が完成するまでには、いろいろなステップがある。この中で橋を注文するとは、実際に橋の架設工事を担う者を決め、さらに着工後に工事の進み具合に応じて実施する一連の手続きまでが含まれる。

今日では、橋の注文主は一般には、国や自治体、ＪＲ、私鉄などの鉄道会社や、高速道路会社など道路、鉄道の橋を管理している団体である。注文を受けるのは、工事を担う橋梁《きょうりょう》建設会社である。

橋の注文は、まず着工に先立って、工事を担う会社を決めて契約を結ぶことからはじまる。古くは、注文主の事業者自らが、工事を実施するという方法がとられることが多かった。事業者が材料や労務を調達して建設工事を進める直営と呼ばれる方法である。今日では、入札によって工事を請負う者を決定する方法が一般的であるが、この入札・請負の方法は江戸時代後期からすでに行われてきた歴史がある。

ある価値をもつモノやコトを、それに相当する対価と引き換えに受け取る商取引において、橋を架けるというコトの注文は、自動車や電気製品などのモノの売買とくらべるとかなり異なる面がある。橋の注文の場合、契約の取り交わしと橋の完成時期にはかなりの時間差がある。注文の約束をしたときには、橋はまだ姿形はまったく存在せずに、数年後にでき上がって引きわたされることになる。

注文の約束では「注文内容に沿った橋を、所定の金額や期間で建設します」というコトを取り決めることになる。このため、契約相手を決める入札とともに、契約した内容が実際に履行されるためにどのように担保をとるか、あるいは、着工後の各段階でいかなる手続きをとるかが重要となる。

明治以前の入札、施工方式

普請《ふしん》と建設

橋の建設は、古くは地域の道路など公共施設の整備とともに僧侶が、宗教活動の一環として担ってきた。周辺地域から資金、資材、労働力を集め、僧侶自ら専門知識を駆使して現場で指揮をとって橋を架けわたした。神社へのお参りの通路や橋などは、その恩恵に浴する信者の寄進によって建設された。

中央集権化が進んだ江戸時代には、幕府は治水、農業水利、開墾、街道の整備や橋の建設工事を、資金の工面から施工までを各藩に命じる「お手伝い普請」と呼ぶ方式があった。これは外様雄藩の財政をコントロールする幕府の政策的な意図もあった。

「建設」とは、近代以降に使われるようになった言葉であるが、江戸期以前では、「普請」と呼んでいた。普請とはもともと仏教の言葉であったが、橋などの公共施設の整備を地元民が労力や資金、資材をもちよって実施することを意味した。河川改修、干拓、埋め立て、灌漑、橋梁《きょうりょう》架設、補修などの公共工事は、江戸期以前では、その便益を享受する地域共同体の自発的な勤労奉仕に支えられることが多く、権力が安定するに従って統治者による労力徴発（傭役、夫役）によって工事が行われた。

●江戸期の入札と施工方式

17世紀以降になると、江戸市中の公共建設工事は、徳川家の直接の家来である旗本、御家人に命じて施工をさせるようになった。「巖有院殿御實紀《げんゆういんどのごじっき》*」（第十四）には、1657（明暦3）年に、江戸麹町の堤防工事に、書院番の赤井五郎作忠秋と小姓組の市橋三四郎長常を奉行（責任者）に命じた以下の記録がある。

用語解説……巌有院殿御実紀●19世紀前半に編纂された江戸幕府の公式記録『徳川実紀』のうち、第四代将軍家綱（巌有院）の治世の記録。

廿三日（明暦3年11月）書院番赤井五郎作忠秋、小姓組市橋三四郎長常は麴町邊堤防修築の奉行仰付らる

「巖有院殿御實紀」（第十四）

一方、17世紀中頃以降、都市部では、労務提供を専門とする「せおい」、「駕籠持《かごもち》」と呼ばれる職業が出現し、事業者は、これらの労務提供者から人足を雇い入れて工事を実施する方式が出てきた。労務提供のみを商品化したいわゆる「手間請負《てま》」のはじまりである。工事全体の請負施工が一般に使われるようになるのは、17世紀の後半になってからである。

『東京市史稿　産業編』には1678（延宝6）年に競争入札の町触れ（公告）がされた記録がある。江戸霊岸島における3か所の橋の改築に関するもので、「橋の改築工事を行うので入札に付す。希望するものは注文内容を把握して入札のこと。以上町中残らず触れる」という趣旨の入札公告で、以下の文面であった。

橋梁改築入札

一、霊岸嶋新川通一ノ橋、二ノ橋、並南かやば町裏之橋、右三ヶ所新規御掛直シ被成候間、望之者今日より喜多村所へ参、御注文写取、入札仕候様、町中不残可被相触候。以上

四月朔日（延宝六年）　町年寄　三人

●請負業の出現

請負業の先駆者として河村瑞賢《かわむらずいけん》（1618～1699年）や、1653年に施工された玉川上水の玉川庄右衛門、清右衛門兄弟が知られているが、おそらく幕府が家来に命じるのと同様に、専門知識をもつ民間人に命じたもので施主側にアドバイスを与えるコンサルタントの役割であった。

江戸期の木橋は寿命が短く、定期的な架け替えと定常的な維持、補修を必要とした。18世紀初め頃よりこれらの工事は、請負方式で工事が実施された。1719（享保4）年の江戸新大橋の架け替え工事や、1728（享保13）年、および1732（享保17）年に実施された両国橋の補修工事は、請負方式で実施された初期の例である。

これらの工事の請負者は、すでに専門家集団として固定化しており、白子屋勘七《しらこやかんしち》、菱木屋喜兵衛《ひしきやぜんべい》といった名前が記録にある。両名とも本業は家主であったが、橋の専門請負業としてすでに扱われており、1734（享保19）年3月に両名とも幕府が維持費を負担する江戸市中の幕府入用橋の点検・補修、架け替えについての一切を一括して年額を決めて請負っている。これらの例は、請負方式が、18世紀前半には江戸などの都市部において使われはじめたことを示している。請負内容としては、鳶《とび》職人のようなやや専門的な技能や、集団統率の労務管理を付加価値とした労働力の提供、単純労働者であるが一定数の頭数をそろえることを要する人足供給、あるいは橋梁維持などを定常的に一括的に請負う場合があった。

明治における請負方式

●鉄道工事と請負

明治に入ってからの公共工事の特徴は、何よりもそれ以前にはなかった大量で継続的な鉄道工事の出現であり、特に明治期の前半は土木工事のほとんどを鉄道工事が占めていた。明治以前から施工方式として実績のあった請負方式は、鉄道工事によって急速に普及していった。

鉄道工事は、１８７０（明治３）年3月に新橋・横浜間、同年7月に大阪・神戸間で、それぞれ測量から工事が開始されたが、工事が本格化するのは、１８７０年代末からである。請負方式は、阪神間、およびほかの工区における一部の主要区間を除いた鉄道工事で当初より採用され、その後の継続的な工事を通じて習熟されていった。

新橋・横浜間の国内最初の鉄道工事では、材料はすべて支給され、土工、鳶、大工、石工、左官などの職種別に、労務のみ提供する手間請負の方式が採用された。一方、この半年後に着工された大阪・神戸間の工事では、注文主の施主側が直接工事を実施する方式が採用された。

１８７３（明治６）年12月に着工された大阪・京都間の鉄道建設では、新橋・横浜間と同様に、労務提供を請負わせる方式が採用された。この工事の請負は、初めて建設請負に参入した陸軍御用達の大阪の豪商であった藤田伝三郎《ふじたでんざぶろう》であった。藤田はこれ以後鉄道工事の請負をはじめることとなるが、新橋・横浜間の工事請負業者の高島嘉右衛門《たかしまかえもん》と同様に、御用達で得た信用力をもつ商業資本から請負業への進出であった。藤田は人夫の人入れ稼業であった丹波屋、および上州屋を配下において人夫を確保した。

大阪・京都間の鉄道工事は桂川、太田川、茨木川などの橋梁《きょうりょう》工事が主要な工事であり、当時最長スパンの100フィート（約30メートル）の錬鉄トラスがイギリスから輸入されて架設された。架設の施工管理は大阪・神戸間と同じくイギリス人お雇い外国人技術者のセオドール・シャン（1848～1878年）があたった。

●日本人のみの最初の工事

明治10年代は、全国へ急速に鉄道が延伸していくが、その最初の工事が1878（明治11）年8月着工の京都・大津間の鉄道建設であった。鉄道

桂川橋梁（明治10年頃）は大阪・京都間で上神崎川橋梁に次ぐ、長さ344.4mの大規模鉄橋。

出所：『フランス士官がみた近代日本のあけぼの　ルイ・クレットマン・コレクション』アイアールディー企画、2005年

局長井上勝《いのうえまさる》（1843〜1910年）が技師長を務め、工技生養成所の第一期生の技術者を主体として進められた日本人のみで実施した最初の工事であった。この工事では橋梁、トンネルについては施主が直接工事を実施する方式であった。

主要な橋梁は、工技生養成所第一期生の技手《ぎて》三村周《みむらあまね》の設計による50フィート（約15メートル）錬鉄プレートガーダー8連の鴨川橋梁であった。鉄道局の神戸工場で製作された桁は、六等技手の小川勝五郎が施工管理を担当、作業者には神戸工場の職工があたり、すべて注文主の手で施工された。

●特命、随契《ずいけい》による鉄道請負工事

引き続いて1880（明治13）年4月に着工された長浜・敦賀間の鉄道工事では、請負方式がさらに拡大された。契約方式としては労務提供契約ではあるが、実質的な請負施工であった。請負業者としては、京都・大津間鉄道では、注文主の技手で橋梁工事を担当した小川勝五郎が請負業者として参加した。小川が請負った橋梁架設工事は、当時わが国で最長スパンの70フィート（約21メートル）錬鉄プレートガーダーが採用され、神戸工場で製作されて、姉川《あねがわ》橋梁に4連、妹川《いもがわ》橋梁に3連架設された。

長浜・敦賀間の工事で特命を受けた各請負者は、鉄道局長の井上勝が自ら面接を行って適格と認めて随意契約を行ったもので、鉄道局自身が育成してきた子飼いの業者でいずれも工事を請負うには、強い信頼関係の存在が前提であった。

この信頼関係を示すエピソードとして、敦賀線工事における井上局長と請負業者の関係がある。吉田寅松の吉田組は不慣れなため、竣工期限の遅延により井上局長の機嫌を損ねて即刻解約されたのに対し、同じ不慣れであった鹿島岩蔵《かじまいわぞう》の鹿島組も失敗を重ねたが、請負金額の1割の損害を出しても仕事を完遂させた誠実さから、井上局長の信頼を得たという。これに対し、吉田組の方は、その後工事の指名から干され、ようやく井上局長の怒りを解いてもらい請負業者として復帰できたのは2年後の1882（明治15）年であったという。

井上勝。1890（明治23）年に創設された鉄道庁の初代長官で、日本鉄道の父と呼ばれる。
出所：『子爵井上勝君小伝』井上子爵銅像建設同志会、1915年

ところで、日本鉄道の父と呼ばれる井上勝は、最初期の技術系海外留学の経験をもつ。長州藩萩の生まれの井上勝は、1863（文久3）年に、伊藤博文ら5人の脱藩者のひとりとしてイギリスのジャーディン・マセソン商会の船でロンドンに密航した。ロンドン留学中には、長州では4国艦隊の下関砲撃などの事変が勃発し、伊藤博文らが急遽帰国する中で、イギリスに留まり続け、ロンドン大学で、鉄道、鉱山、造幣などの技術を1868（明治元）年まで学んだ。20歳で

出国して以来、25歳までの5年間のロンドン留学であった。明治元年に帰国後は中央政府の要請を請け、造幣、鉱山を経て鉄道関連に従事することとなった。

話を契約に戻す。明治初年より請負方式で工事が実施されるようになった鉄道工事の注文方法は、競争入札ではなく、契約相手先を注文主が信頼関係によって指名をする特命、あるいは随契で発注される場合がほとんどであった。これに対して、競争入札が採用されたのは、日本鉄道会社が1884（明治17）年に実施した品川、新宿を経て赤羽に至る今日の山手線の一部と、赤羽線の合計21キロメートルの鉄道工事が最初であった。

●明治会計法の制定と入札方式

明治憲法の発布とともに制定された会計法（1890年施行）によって、原則として一般競争入札によることが規定され、次いで1893（明治26）年に公布された鉄道会計法においても一般競争入札が規定された。1889（明治22）年に公布され、翌1890（明治23）年に施行された明治会計法は、フランス系法令の流れをくむ会計法令として制定されたもので、この第24条で原則として一般競争入札を採用することが初めて規定された。

この会計法の制定は、20年近く継続してきた鉄道工事を中心とする公共工事の注文方法に大きな衝撃を与えた。一般競争入札の導入は、明治初年以来、実工事を通じて築いた信頼関係をもととした特命、随契の方式が使えなくなることを意味した。

会計法および、鉄道会計法では、発注者、業者の信頼関係による請負が機能しなくなり特命や随契に頼っていた請負業者の経営基盤は崩れ、新規の請負業者の乱立を招いた。

これより先に、総合請負企業として、発注者の期待にこたえるべく1887（明治20）年に、わが国で最初の法人組織の日本土木会社が設立された。現在の大成建設の前身である。この会社は、資金力、規模、人材を結集することによって発注者の信頼を得ることで業容を拡大することを意図して設立された会社であった。しかし不運にも、設立直後に会計法が制定され、特命から競争入札へ移行すると、手もち工事の激減により短期間で解散に追い込まれた。

実務に携わる関係者からは、一般競争入札は国内では馴染まない方式で、建設業の契約の慣行を根底から覆すとの指摘が相次ぎ、導入は事業執行上望ましくないとの認識が強まった。このため1899（明治32）年には、勅命による会計法の適用除外によって指名競争入札方式を採用する措置が講じられるようになった。

この例としては、中央線建設工事（1896年着工、1911年完成）がある。中央線建設工事は、延長4・8キロメートルの笹子トンネル、2・4キロメートルの小仏トンネルなどが含まれ、技術的難度、規模とも空前の工事であった。鉄道局は、工事の技術内容から判断して、京都・大津間の鉄道工事以来育成してきた施工業者の中から過去の実績、経験にもとづいて請負業者を指名、ないしは特命をする方法を強く望み、会計法の適用除外により指名競争入札が採用された。

結局、会計法は1921（大正10）年に改正され、一般競争入札、随意契約方式とともに指名競争入札が盛り込まれた。この指名競争入札は戦後も継続され、実に１９９０年代まで70年にもわたってほとんどの工事で採用されてきた。

近代初期の契約書、および仕様書

国内において建設工事の請負契約を書面で取り交わすことは、近代以前から行われてきた。明治に入ると土木工事の契約については、１８７４（明治７）年に、工部省製作寮建築局が建築工事の請負の入札手続を入札規則で定め、翌年には細則として入札定則が制定された。

鉄道工事おいて、実際の工事を進めるための手続を規定した最初の契約図書としては、１８８０（明治13）年４月着工の長浜・敦賀間鉄道の建設で作成された「米原敦賀間鉄道建築土工仕様並請負人心得書」がある。この心得書は着工後の１８８１（明治14）年６月に作成され、切土、盛土の仕様と、一括下請の禁止、解約、支払い条件、保証金などが規定されている。

１８８６（明治19）年７月に着工され１８８９（明治22）年に完工した東海道本線建設工事は、会計法が制定される前の最後の大規模工事であった。この工事では、「東海道本線工事土工仕様書及請負入札心得」が作成された。技術仕様以外の契約条項は、13条から構成されている。契約後の着工期限と遅延の場合のペナルティー、解約、請負人の経験、保有資産、支払い条件などが規定されている。入札保証については、２人以上の保証人と保証金が規定されている。また、最低額の入札者が必ずしも落札者とならず、主任技術者の判断によるとして「請負入札の落札は敢て最小落札の入札人に限らずして主任技師の見込に依り適宜取捨することあるべし」との条文があった。これは、主任技師と請負者の信頼関係などにもとづく判断を価格提示よりも尊重することである。

今日の建設工事標準約款は、１９５０（昭和25）年に制定され、以後何回もの改正が繰り返されて今日に至っている。この標準約款の制定に先立って、１９４８（昭和23）年10月に物価庁は「官庁工事請負標準契約書（案）」を策定した。建設省が設立され、建設工事標準約款が作成された１９５０年前後の数年は、官民で公共工事のあり方について多くの議論がされている。

日本人の契約意識

●長期的な信頼関係

建設技術の多くはその発展過程において、近世から近代の間で急激な欧米技術の導入による不連続が認められる。鉄橋の技術は、近世の伝統技術には存在せず、すべて明治以後の欧米技術の導入ではじまった。これに対して、橋を含む公共工事の注文の契約は、近世以来の延長上にあり、明治維新、戦後という大きな政治的不連続時点にあっても、ほかの商習慣とともに本質的な変革はなかった。

日本の公共工事の執行方式は、発注者の強い主導の下で機能してきた方式であることは、近世以来一貫している。明治以降の土木技術の発展は、欧米からの導入技術を積極的に消化し、実務へ適用していった発注者側の技術者の知識と経験の積み重ねによっている。この技術力、および最低価格制度、連帯保証人制度をもととした発注者の強い指導力によって公共工事が進められてきた。直営方式によって、あたかも発注者自らが施工するごとく請負方式を運営するには、発注者と請負者は、一工事ごとの契約関係を越えて、信頼にもとづいた継続的な関係の存在が不可欠であった。

このことは、明治会計法による一般競争入札の導入後の混乱と、それを避けるためにとった勅命による指名競争入札の実質的な採用に表れている。ここに橋を含む公共工事の注文方法における日本人の契約意識の特徴を見ることができる。

●競争よりコンセンサス

一方、日本の公共工事の執行方式を形作る要因としては、コンセンサス（和）重視のビジネスの土壌に根ざす商慣行がある。これは、明治会計法の制定後、一般競争入札方式が「なじみ」が悪く結局は、勅命による指名競争入札を採用したこととの背景を構成している。

明治会計法の規定は、入札という競争をもって最低価格者を契約の相手とすることを規定した競争を基本とする契約相手先の決定方法である。この制度への典型的な不正行為は、談合である。しかし、これを取り締まる法律は、自由競争の制限という視点からではなく公務執行妨害として制定されていた。

この談合罪は、1942（昭和17）年に刑法96の3条として制定され、公務であるところの公正な契約相手の選定手続を妨害したものを処罰するのが目的であった。これは、必ずしも競争が制限されることを問題とするのではなく、公務執行に対する妨害として取り締まる点に、競争入札に対する日本人の意識の一端が示されている。

これに対して競争性を規定として打ち出したのは、独占を排除して自由競争を規定する独禁法の制定がはじめてである。自由競争の制限を阻害する独占は、不当な取引であるとして、これを禁止する法律である。この制定は、戦後の1947（昭和22）年になってからで、アメリカ統治下に制定された独禁法がこれである。

さらに、日本の商取引慣行の特徴を形作るもうひとつの要因として20世紀末まで継続した関係者を限定する仲間内による取引（クローズド・ショップ）、あるいはそれに類似する考え方がある。

●「一見《いちげん》さんお断り」の取引

中世から近世にかけて、株仲間や講といった一部の商工業者が特権的な権益を保有する慣習があったが、これは日本だけでなくヨーロッパでも同じような傾向があった。国家的な利益と地域、同業者の利益が国家政策として調整される以前の中世のヨーロッパでのギルドはこれである。しかし、近代に入ると、アダム・スミスが国富論の中で述べているように、各種の同職組合の排他的特権の打破、徒弟条例の廃止をして独占を廃止することが国家としての利益につながることが指摘されるようになった。

日本国内では、中世以来、近代に至るまで権力者と結びついて商業特権を得たお出入り商人、御用達商人に公共工事が特命された。ギルド的な制約を設けない織田信長による楽市楽座は例外である。自由競争によらずに、株仲間、問屋仲間によって特定商人と結びつくことは、治世者にとっても経済統制の意味から好ましいものであったからである。

日本では、近世から近代にかけて、特権の付与をめぐる施策は、例外はあるものの基本は、関係者を限定する経済統制的なクローズド・ショップにある。1841（天保12）年に天保改革の施策として株仲間が禁止されたが、10年後の1851（嘉永4）年に問屋組合として復活された。明治政府のもと1872（明治5）年に株仲間、講は再び廃止されたが、同業組合は政府の管理下に置かれ実質的には生き延びることとなった。政府と民間企業の結びつきを前提とし、富国強兵政策の一環として政府から特権的な権益を与えられた政商の存在は、株仲間と本質的には同じである。日本人の一般競争入札へのなじみの悪さの要因の一端には、競争よりも和を尊ぶ調整を好む日本人の傾向とともに、「一見さんお断り」のように仲間内に限定した取引を好む商慣行の傾向がある。

●国家主導の施工方式

さらに、日本の公共工事の執行方式を特徴づける要素として国家主導主義がある。

欧米に追いつくためには、欧米の技術を導入し近代化を短期間で達成することが求められた。明治初年より技術導入を目的とした工部省の設置、大量のお雇い外国人の雇用、欧米への留学制度、国内の技術教育制度などの施策は、短期間での技術の導入と消化にはきわめて有効に機能した。

あらゆる産業を国が主導して起業し、しかるべき後に官営から民営へと移行したように、導入技術で産業の近代化（西欧化）を図ったわが国では、産業化とは、官の先導により官の保護のもと民間に移管する過程であった。

建設分野ではかなりの部分が公共工事であることから、ほかの産業分野と同様な民間への移管は容易ではなく、建設分野において産業主義が育ちにくい要因のひとつとなった。

これは、公共工事の執行システムが、官側は請負契約をもって民間側から調達をする形をとりつつも、基本的には官が工事施工に積極的役割を担う直営を基とした請負方式であることとも共通する。請負方式であっても、主として労務提供、労務管理を請負わせる手間請負に近い方式である。

明治以降近年に至るまで、施工技術を発注者が握り積極的な役割を担ってきたことから、請負者側は企業として独立しても、産業的な自立は必ずしも期待されなかった。請負者は、建設産業において発注者と一体となって初めて機能することができる。一端を担う機能が求められていたに過ぎない。

この国家主導の公共工事の執行方式は、発注者が民間から契約によって「調達」するのではなく、発注者が自ら工事をする姿勢で貫かれている。発注者である官が、たとえば橋梁《きょうりょう》メーカーの工場をあたかも国営の末端工場のように使うことによって実施する広い意味での直営である。これはかつての社会主義国の計画経済に則った国営工場、国営産業の経営形態に近いといえる。

国際契約をめぐるトラブル

近代化を急ぐ明治の日本は、欧米からいろいろな工業製品を注文するために契約を取り交わすことが急増した。しかし、明治初年ではまだ契約に不慣れなことも多く、トラブルが発生している。

日本で最初の鉄橋である長崎のくろがね橋（→P106）は、長崎製鉄所で製作され、2番目の横浜吉田橋（→P106）も、横浜の燈台寮の国内製作であった。次いで1870（明治3）年に大阪に架設された国内で3番目の鉄橋の高麗《こうらい》橋（→P106）は、イギリスのダーリントン鉄工所で製作された鉄製部材を輸入して架けられた橋であった。

高麗橋の日本側の注文主は、当時後藤象二郎《ごとうしょうじろう》が判事であった大阪府で、商社のオールト商会と輸入契約を結んだ。契約トラブルは、当初締結した契約金額の増額変更をめぐって発生した。契約では設計変更条項として「着工後に当初の代価7500両を超えた場合は、双方協議の上、ある限度内で追加分を支払う」と設計変更条項があった。ただ、「ある限度内」の具体的な金額は定められていなかった。注文が成立すると、オールト商会は、ダーリントン鉄工所に設計、見積もり、製作を依頼し、実績にもとづいて変更金額が提示された。その額は当初の2倍を超えた1万5500両であった。

高麗橋の設計にあたっての現地情報は、せいぜい橋の長さ程度であったと思われる。橋の下部工

「高麗橋 望西 明治初年」（1868年）。　大阪市立図書館所蔵

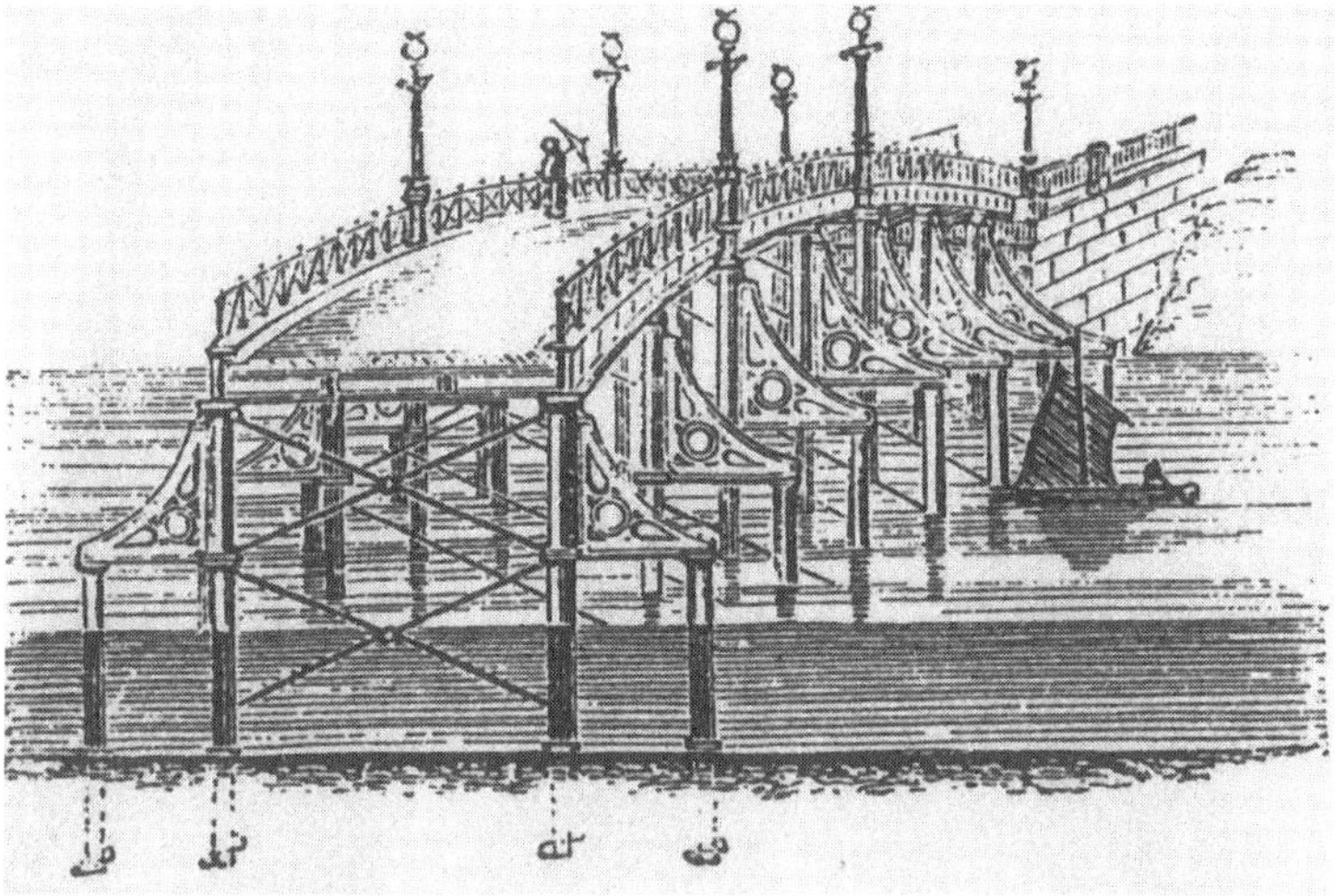

製作会社発行の図書に掲載された高麗橋。

出所：Ewing Matheson. *Works in Iron: Bridge and Roof Structures*, London, E. & F. N. Spon, 1873.

は当時広く使われていた桟橋式のスクリュー杭で、貫入量は地盤情報がないままに相当過大な設計が行われたようであった

高麗橋の製作を行ったイギリスのアンドリュー・ハンディサイドという鉄工会社が1873年に*Works in Iron: Bridge and Roof Structures*という本を、ロンドンのE. & F.N.Spon社から発行している。イギリス土木学会図書館の蔵書であるが、この中に高麗橋の図があることをほかの調査をしていて偶然発見した。この本は単なるカタログ集ではなく、橋については、その種類から、設計条件や荷重、製作法などとともに、過去の実績事例が掲載されている。この事例のひとつに高麗橋が挿絵入りで示されている。

30フィート（約9メートル）が8径間で、幅は18フィート（約5・5メートル）、スクリュー付きの橋脚杭は、鋳鉄製で直径30センチメートルなど

の諸元に関する記述とともに、「この橋は不十分な現地の情報のもとで、イングランドで設計されたために、必要以上に重く、強固となってしまった。通常の条件であれば、径間の長さはもっと長くすることが出来たし、杭の本数ももっと少なくてすみ経済性の優れたものとなったはずである」とある。日本側の記録と呼応する。

大阪府は提示された設計変更金額があまりにも高額であったことに驚き、支払を拒否したことからトラブルが発生した。紛争処理は、外務省とハリー・パークス駐日公使の折衝にゆだねられ、結局はイギリス側の主張が認められて、設計変更額を外務省が立て替え払いをすることで決着した。

このほか、明治初年の建設関連の契約トラブルで、よく知られているものに鉄道建設の資金調達に関する契約がある。日本政府は第一段階の鉄道計画として、東京・神戸間の幹線鉄道と京阪神の支線を敷設することを想定し、総工費をおよそ300万ポンドと見積もっていた。これだけの巨額資金を国内で調達することは不可能と判断した伊藤博文、大隈重信らは、イギリスから借り入れることを計画し、公使のパークスの紹介でイギリス人のネルソン・レイと借款契約を結んだ。

契約では、借入金額100万ポンド、期間12年、利率12パーセントであったが、資金調達方法をはじめ細部で曖昧な点が多かった。特に、契約の枠組みは、実はローンだけに限らず、鉄道建設に必要な技術者の雇用や資材の購入についても、イギリス側にその権限が与えられる内容となっていた。つまりレイは資金調達に限らず、鉄道建設事業全体を請負ったような契約内容となっていたこともトラブルの元であった。

レイは当初個人的な資金調達を試みるがうまくゆかず、全額公募債の発行とし、1870（明治

3）年3月23日のタイムズ紙に発表した。公表された中では、利子条件は9パーセントとなっており、レイは差し引き3パーセントもの利ざやを得ることを意図していたことが判明した。さらに、公債発行の公表は日本政府名で行っておきながら、日本政府には一切の連絡がなかったことが問題となった。日本政府は新聞記事から公募債を知ったという始末であった。

ここにきて、日本政府は解約交渉に入ることを決意し、結局、オリエンタル・バンクの協力を得ることで、契約解消の和解を進めることとなった。

新橋・横浜間鉄道の開通式（1870年10月12日）の帝の式典会場への到着の様子。文明開化の象徴とされるわが国最初の鉄道建設事業も、出だしで資金調達の契約トラブルに見舞われている。

出所：*The Illustrated London News*

おわりに

かつて橋の設計の仕事をしていた頃は、毎日が計算と図面とのにらめっこであった。構造を考え、工夫しながら図面の中で形ができ、それに従って、橋桁《はしげた》が工場で作られ、現地で架設されて行くのを見るは楽しかった。その後、仕事の内容がまったく異なる職場であるイギリス、ロンドンの駐在員として転勤となり、身の回りの環境は一変した。

赴任の辞令を受けたのは、ちょうど日航機の墜落事故が起きた暑い夏の盛りであった。しかし、ビザがおりるのに時間がかかり、単身でロンドンの地を踏んだのは、秋もたけなわの頃で、その後家族と船便の引越し荷物が着いたときには、もう晩秋を通り過ぎて冬に入っていた。明るい日差しと乾燥した空気の日本の関東地方から、一気に暗くてウェットなイギリスへの移動は、外国生活を始める心細さに拍車をかけた。とはいえ、イギリスの生活では、週末や休暇などに各地を訪れて、古い橋を見るのは大きな楽しみとなった。実務で橋に関わった経験から、国内の橋、現在の橋との対比の視点で橋を見るようになり、このクセはそれ以来継続しており、今日まで続く古い橋への興味の原点となった。

海外の文化に触れることは、同時に国内の文化を考える機会となる。これは橋の歴史、文化についても同じである。対比的な見方によって日本の橋の違いに気づき、これらを生み出す背景を考えることは、同時にニッポンを再発見する手がかりとなる。橋は、道路、ダム、トンネルなどのインフラ構造物とともに、人々の利便性、快適性、安全性を実現するための手段である。しかし、本来の役割を果たしつつも、時間の流れの中で人々の生活の場に定着し、地域の景観の一コマとして欠かせないものとなることは、橋そのものが文化を構成する要素であることを示す。

古代からの橋にまつわる伝承や、残された痕跡、名前を継承する今日の橋、戦場となった橋、近代の鉄やコンクリートの橋などには、それらを生み出した時代の意匠や技術、物語が凝縮している。今も現役で活躍する橋は、それらを送り出した当時の人々の活動の成果である。人間の寿命をはるかに越える橋を丹念に観察し、その成り立ちを知ることは、日本の文化と歴史を知ることにつながる。

本書はこのような筆者の経験と思いをもとに書き綴ったものである。ただ、書き始めと、書き終わった現在では、執筆に対する意識に落差が出てきたことも事実である。執筆途中では、本書の内容に興味をもたれた方に、一般読者の視点からアドバイスをお願いしたが、単なるカタログ的な橋の紹介の展開となるのを恐れたがために、ずいぶんと細かいことに立ち入ってしまった感じもする。このあたりは、読者の方々の判断を待ちたいと思う。

筆をおくにあたり、本書を執筆する機会を与えていただいた出版社の関係者に感謝するとともに、本書の編集、制作でお世話になった方々にお礼を申し上げたい。

五十畑　弘

２０１６年10月

参考文献

『**東海道名所図会**』秋里籬島編、1797年
『**堤防橋梁積方大概**』土木寮、1871年
『**橋梁論**』岡田竹五郎著、工談會、1893年
『**木橋圖譜　第二輯**』野沢房敬著、1893年
『**鉄筋コンクリート**』井上秀二著、丸善、1906年
『**子爵井上勝君小伝**』井上正利編、井上子爵銅像建設同志会、1915年
『**東京市街高架線東京上野間建設概要**』鉄道省、1925年
『**明治工業史　土木編**』日本工学会編、日本工学会、1929年／学術文献普及会、1970年（復刻版）
『**御茶ノ水両国間高架線建設概要**』鉄道省、1932年
『**本邦鉄道橋ノ沿革ニ就テ**』久保田敬一著、東京帝国大学博士論文（1933年）、鉄道省大臣官房研究所、1934年
『**明治以前日本土木史**』土木学会編、土木学会、1936年／1973年（第3刷）
『**新科学対話　上（岩波文庫）**』ガリレオ・ガリレイ著（1638年）、今野武雄［他］訳、岩波書店、1937年／1961年（第14刷）
『**三四郎（新潮文庫）**』夏目漱石著、新潮社、1948年／1998年（第120刷）
『**倫敦塔・幻影の盾　他五篇（新潮文庫）**』夏目漱石著、新潮社、1952年
『**東京市史稿　産業篇　第5**』東京都編、東京都、1956年
『**東京市史稿　産業篇　第7**』東京都編、東京都、1960年
『**重要文化財眼鏡橋移築修理工事報告書**』諫早市教育委員会編、諫早市教育委員会社会教育課、1961年
『**鋼の時代（岩波新書）**』中沢護人著、岩波書店、1964年

『日本土木史　大正元年～昭和15年』土木学会日本土木史編集委員会編、土木学会、１９６５年／１９８２年（第1版・第4刷）
『日本土木建設業史』土木工業協会著、電力建設業協会共編、技報堂、１９７１年
『維新と科学（岩波新書）』武田楠雄著、岩波書店、１９７２年
『土木建設徒然草』飯吉精一著、技報堂、１９７４年
『日本国有鉄道百年史　通史』日本国有鉄道編、日本国有鉄道、１９７４年
『特命全権大使　米欧回覧実記　二（岩波文庫）』久米邦武編、田中彰校注、岩波書店、１９７８年／１９９６年（第12刷）
『明治大正図誌　第11巻　大阪』岡本良一／守屋毅編、筑摩書房、１９７８年
『山河計画　橋　１９７９春』上田篤／大橋昭光編、思考社、１９７９年
『眼鏡橋　日本と西洋の古橋』太田静六著、理工図書、１９８０年
『写真集　長崎の母なる川　中島川と石橋群』中島川復興委員会／日本リアリズム写真集団長崎支部編著、長崎出版文化協会、１９８３年
『日本の橋　鉄の橋百年のあゆみ』日本橋梁建設協会編、朝倉書店、１９８４年
『写真集明治大正昭和大阪　ふるさとの想い出310　上』岡本良一編、国書刊行会、１９８５年
『お雇い外人の見た近代日本（講談社学術文庫）』R・H・ブラントン著、徳力真太郎訳、講談社、１９８６年
『産業革命のアルケオロジー　イギリス製鉄企業の歴史』B・トリンダー著、山本通訳、新評社、１９８６年
「断片　明治34年4月頃」『漱石文明論集（岩波文庫）』三好行雄編、夏目漱石著、岩波書店、１９８６年
『歴史と伝説にみる橋』W&S Watson著、川田貞子訳、川田忠樹監修、建設図書、１９８６年
『維新の港の英人たち』ヒュー・コータッツィ著、中須賀哲郎訳、中央公論社、１９８８年
『日本海軍お雇い外人　幕末から日露戦争まで（中公新書）』篠原宏著、中央公論社、１９８８年
『日本書紀　全現代語訳　上（講談社学術文庫）』宇治谷孟訳、講談社、１９８８年／２００６年（第40刷）
『江戸の産業ルネッサンス（中公新書）』小島慶三著、中央公論社、１９８９年
『アイアンブリッジ』N・コッソン／B・トリンダー著、五十畑弘訳、建設図書、１９８９年
『漱石日記（岩波文庫）』夏目漱石著、平岡敏夫編、岩波書店、１９９０年／１９９７年（第11刷）

『日本の橋（講談社学術文庫）』保田與重郎著、講談社、1990年
『R・H・ブラントン　日本の灯台と横浜のまちづくりの父』横浜開港資料館編、横浜開港資料普及協会、1991年
『セーヌに架かる橋　パリの街並みを彩る37の橋の物語』東京ステーションギャラリー編、東日本旅客鉄道、1991年
『幕末欧州見聞録　尾蠅欧行漫録』市川清流著、楠家重敏編訳、新人物往来社、1992年
『明治政府と英国東洋銀行（中公新書）』立脇和夫著、中央公論社、1992年
『近世日本の科学思想（講談社学術文庫）』中山茂著、講談社、1993年
『1996大山崎町歴史ガイドブック』大山崎町歴史資料館、1996年
『日本の美術No.362　橋』鈴木充／武部健一著、至文堂、1996年
『日本奥地紀行（平凡社ライブラリー）』イザベラ・バード著、高梨健吉訳、平凡社、2000年
『大日本全国名所一覧　イタリア公使秘蔵の明治写真帖』マリサ・ディ・ルッソ／石黒敬章編、平凡社、2001年
『現代語訳　平家物語　上・中・下（河出文庫）』中山義秀訳、河出書房新社、2004年
『フランス士官が見た近代日本のあけぼの　ルイ・クレットマン・コレクション』コレージュ・ド・フランス日本学高等研究所／
フランス国立科学研究センター日本文明研究所監修、ニコラ・フィエヴェ／松崎碩子編、アイアールディー企画、2005年
『日本橋絵巻』三井記念美術館編、三井記念美術館、2006年
『「論考」江戸の橋　制度と技術の歴史的変遷』松村博著、鹿島出版会、2007年
「橋の聖と俗　死後審判の橋における意義をめぐって」L・ガルヴァーニョ著、大阪大学博士論文、2012年
『新版日本の橋　鉄・鋼橋のあゆみ』日本橋梁建設協会編、朝倉書店、2012年
「歴史的鋼橋（長浜大橋）の補修工事について」『橋梁と基礎47（6）』近藤博貴［他］著、建設図書、2013年
『技術者の自立・技術の独立を求めて　直木倫太郎と宮本武之輔の歩みを中心に』
土木学会土木図書館委員会直木倫太郎・宮本武之輔研究小委員会編、土木学会、2014年
『小林清親　〝光線画〟に描かれた郷愁の東京　没後一〇〇年（別冊太陽日本のこころ229）』吉田洋子監修、平凡社、2015年

Ewing Matheson. ***Works in Iron: Bridge and Roof Structures***, London, E. & F. N. Spon, 1873.

W. Westhofen. ***The Forth Bridge***, London, Offices of "Engineering", 1890.

John Milne, W. K. Burton. ***The Great Earthquake of Japan, 1891***, Lane, Crawford & Co., 1892.

J.A.L. Waddell. ***Economics of Bridgework; a Sequel to Bridge Engineering***, New York, John Wiley, & Sons, 1921.

J. G. James. **"The Evolution of Iron Bridge Trusses to 1850"**, ***Transactions of the Newcomen Society.Volume 52, Issue 1***, 1980, Newcomen Society, 1981.

J. G. James. ***Overseas Railway and the Spread of Iron Bridges C.1850-70***, Author, 1987.

R. H. Brunton. ***Building Japan: 1868-1876***, Kent, Japan Library Ltd, 1991.

ブラックフライアーズ橋〈イギリス〉……95
ブラントン……84、85、86、106、118
ホイッスラー……86、87
ボーストリングトラス……107、108、109
ホーヘンツォレルン橋〈ドイツ〉……89、91
ポニートラス……vi、108、109
堀川第一橋（中立売橋）〈京都府〉……168、169
ポンテ・ロット〈イタリア〉……60、61

ま行

マーク・ブルネル……93
米原敦賀間鉄道建築土工仕様並請負人心得書……234
増《ます》田《だ》淳《じゅん》……26、192、195
満濃《まんのう》池〈香川県〉……70
神《み》子《こ》畑《はた》鋳鉄橋〈兵庫県〉……vi、116、117
三《み》島《しま》通《みち》庸《つね》……82
南高橋（旧両国橋）〈東京都〉……vi
三《み》村《むら》周《あまね》……230
三《み》善《よし》清《きよ》行《ゆき》……163、164
武庫川橋梁《きょうりょう》〈兵庫県〉……108
明治会計法……232、236
桃渓《ももたに》橋〈長崎県〉……64、65、72

や行

矢《や》作《はぎ》橋〈愛知県〉……22、23
八幡製鉄所〈福岡県〉……124
山崎院〈京都府〉……16
山崎橋〈京都府〉……8、12、15、16
山本《やまもと》卯《う》太郎《たろう》……193、194
吉田大橋〈愛知県〉……23、24
吉田橋〈神奈川県〉……106、118、214、240

ら行

ラーメン……134、135、138、140-143、145
ラザフォード・オールコック……79
ラチス桁……89、219、220
リドー運河上の跳開《ちょうかい》式鉄道可動橋〈カナダ〉……185
両国橋〈東京都〉……33、46、87、101、227
緑地西橋（旧心斎橋）〈大阪府〉……vi、106
錬鉄……i、28、91、95、97、104、107-110、112-117、119、120、121、198、212、229、230
六郷川橋梁《きょうりょう》（木造トラス）／六郷川鉄橋〈神奈川県/東京都〉……108、109、214、215
六郷橋〈神奈川県/東京都〉……23-26
ロバート・スチブンソン……112
ロバート・フック……200、203、205、206
ロンドン塔（倫敦《ロンドン》塔）〈イギリス〉……149、150、151、152、182
ロンドン橋（倫敦《ロンドン》橋）〈イギリス〉……93-96、180、181、182

わ行

ワーレントラス……106、107、108、219、220
渡邊《わたなべ》嘉《か》一《いち》……38、39、40
渡辺綱《わたなべのつな》……164

渡月橋〈京都府〉…… iii
豊臣秀次……28
豊臣秀吉…… ii、14、21、27、30、167、168
豊海橋《とよみ》〈東京都〉……144、145、146

な行

直木倫太郎《なおきりんたろう》……130、132、133
長崎製鉄所／長崎造船所〈長崎県〉
……119、120、212、240
長崎大水害…… i、65、66、71
長崎の眼鏡橋〈長崎県〉
…… i、v、64、66、69、71、72
長浜大橋〈愛媛県〉…… viii、195
長良川橋梁《きょうりょう》〈岐阜県〉……155-158
長柄橋《ながら》〈大阪府〉……10、11、171
夏目漱石…… vii、148、149、150、152、158、159
浪華三大橋《なにわ》〈大阪府〉……80、81
難波橋〈大阪府〉……80、81、82
涙橋〈東京都〉…… vii、160、161、162
南禅寺水路閣〈京都府〉…… v、66
西田橋〈鹿児島県〉…… v、72
日光神橋《しんきょう》〈栃木県〉…… iv、37、51、52
日本三奇橋……35
日本三大古橋……8、12
日本鉄道会社……232
日本土木会社……233
日本橋〈東京都〉…… iii、v、27、32、33、
66、67、136、145
入札……232-238
仁徳天皇……9
布橋〈富山県〉…… vii、177、178、179
布橋灌頂会《かんじょうえ》……177、179
ネルソン・レイ……242、243
濃尾地震……156、157

は行

橋占《はしうら》……164、165、166
橋寺放生院……14
橋姫……172-175
旅籠町《はたごちょう》高架橋〈東京都〉……139、140
八幡橋《はちまん》(旧弾正橋)〈東京都〉
…… i、108、109、117
パドル鉄……112、114
刎橋《はねばし》…… iv、34-38、53、211
浜川橋〈東京都〉……160、161
浜中津橋〈大阪府〉…… vi、108、109
浜名橋〈静岡県〉……23、24
ハリー・パークス……242
ハンガーフォード橋〈イギリス〉……97、98、99
反射炉……112、113、114
ビスカヤ橋〈スペイン〉……196、197
日ノ岡第11号橋〈京都府〉……129、130
日ノ岡第10号橋〈京都府〉…… vi、130
兵庫運河の旋回橋《せんかいきょう》〈兵庫県〉……189
平等院鳳凰堂《ほうおうどう》の反橋《そりばし》〈京都府〉…… iv、49、50
ファブリチオ橋〈イタリア〉……61
フォース鉄道橋〈イギリス〉…38、39、40、115、116
フックの法則……203、205

スクリュー杭……189、241
鈴ヶ森刑場跡〈東京都〉……162
住吉大社の反橋《そりばし》〈大阪府〉……ⅳ、45、46
晴明神社〈京都府〉……163、165、166、168
セオドール・シャン……229
石造《せきぞう》アーチ／石造アーチ橋……ⅰ、ⅳ、ⅴ、36、42、54、57-62、64-73、82、83、95、96、99、169、182、212
瀬田橋〈滋賀県〉……ⅱ、8、9、12、17-21
旋回橋《せんかいきょう》……186、189、190
千住大橋〈東京都〉……101
造橋使……10、11
造橋所……10
惣郷《そうごう》川橋梁《きょうりょう》〈山口県〉……134、142
創成橋〈北海道〉……ⅴ
外濠アーチ橋〈東京都〉……134、136
反橋《そりばし》……ⅳ、ⅶ、10、42-55

た行

ター・ステップ〈イギリス〉……74、75
ダーリントン鉄工所〈イギリス〉……240
第二領地橋梁《きょうりょう》〈高知県〉……142、143
平清盛……44、165、172
平時子……165、166
平徳子（建礼門院）……165、166
高島《たかしま》嘉《か》右衛門《えもん》……229
高橋由一《たかはしゆいち》……83
太宰府天満宮の反橋《そりばし》〈福岡県〉……48
立山曼荼羅……ⅶ、177、178
田中長兵衛《たなかちょうべえ》……123
田辺朔郎《たなべさくろう》……ⅵ
タワーブリッジ〈イギリス〉……149-152、186
談合……236、237
チェルシー橋〈イギリス〉……97
筑後川昇開橋《しょうかいきょう》〈福岡県/佐賀県〉……ⅷ、193、194
中央線建設工事……233
跳開橋《ちょうかいきょう》……186、188、195
千代崎橋〈大阪府〉……187、188
チンワト橋……175、177
通天橋《つうてんきょう》〈東京都〉……53、55
鶴岡八幡宮の反橋《そりばし》〈神奈川県〉……48
剣の橋……176
鶴見線高架橋〈神奈川県〉……136、137、138
ディー川鉄橋〈イギリス〉……112
テムズトンネル〈イギリス〉……92
天神橋〈大阪府〉……80、81、82
天満橋〈大阪府〉……80、81、82
天竜川橋梁《きょうりょう》（早川橋梁）〈静岡県〉……116
東海道本線工事土工仕様書及請負入札心得……234
東海道四大橋……22、23、25
道昭……14、16
燈台寮〈神奈川県〉……118、240
常盤橋〈山形県〉……82、83
徳川家康……24、167、168
徳川秀忠……14、168
特命……230、232、233、238
特命全権大使……88、92

鴨川橋梁《きょうりょう》〈京都府〉……230
鴨川の三大橋〈京都府〉……8、26
ガラビ高架橋〈フランス〉……114、115
ガリレオ・ガリレイ……200、203-206
川崎造船所……120、121
神崎川橋梁《きょうりょう》〈兵庫県／大阪府〉……108
神田川アーチ橋〈東京都〉……135、136
カンチレバー橋……52、53
擬似アーチ……58、59
木曽川橋梁《きょうりょう》〈岐阜県/愛知県〉……155-158
擬宝珠《ぎぼし》……13、21、27、30-33、43、44、48、51、67
旧吾妻橋〈東京都〉……120、121
旧揖斐川橋梁《いびがわきょうりょう》〈岐阜県〉……vii、152、154-158
旧永代橋〈東京都〉……116、195
旧バタシー橋〈イギリス〉……85、86、97
行基……15、16
橋梁《きょうりょう》建設同胞会……62
橋歴板／銘板……21、155
清水寺〈京都府〉……30、35、36、55、56
錦帯橋《きんたいきょう》〈山口県〉……iii、35、36、37、52、69
空海……15、70
呉風《くれふう》の橋……10、53、54
クローズド・ショップ……237、238
くろがね橋〈長崎県〉……105、106、240
契約トラブル……240、242、243
遣欧使節団……88、89、91
高麗《こうらい》橋〈大阪府〉……72、106、107、240、241
高炉法……110
五条大橋〈京都府〉……ii、8、12、26、30、31
ゴッホ……101、102、186
小林清親《こばやしきよちか》……87
小屋組トラス……212、213

さ行

相模川橋〈神奈川県〉……11、12
佐久間町橋梁《きょうりょう》〈東京都〉……140、141
猿《さる》橋〈山梨県〉……35、36、38、52、210
三条大橋〈京都府〉……ii、8、26、27、28
山王橋〈大分県〉……v
サン・ベネゼ橋〈フランス〉……62、63
式神……165、166
死後審判の橋……175
四条大橋〈京都府〉……ii、8、26、28、29
シテ橋〈フランス〉……208、209
指名競争入札……233、234、236
十三川橋梁《じゅうそうがわきょうりょう》〈大阪府〉……108
朱舜水《しゅしゅんすい》……69、70
聚楽第《じゅらくだい》……167、168
昇開橋《しょうかいきょう》……186、194
承久の乱……19
小天橋《しょうてんきょう》(回旋橋《かいせんきょう》)〈京都府〉……viii、190、191、192
称名寺の反橋《そりばし》〈神奈川県〉……iv、50、51
ジョン・レニー……94、95、96、182
新大橋〈東京都〉……100、101、102、227
神功皇后……18、45
壬申の乱……18、19
随契《ずいけい》……230、232、233
数学橋〈イギリス〉……208

さくいん

※ローマ数字は巻頭カラー特集のページ数、算用数字は本文のページ数。
〈　〉内は都道府県・国名。

あ行

アイアンブリッジ〈イギリス〉……104、110、111
愛本橋〈富山県〉……35、36、38、210
明石海峡大橋〈兵庫県〉……i
秋葉原駅西口橋梁《きょうりょう》〈東京都〉……139、140
浅草橋駅〈東京都〉……140、141
安治川橋〈大阪府〉……188、189、190
安倍晴明《あべのせいめい》……163、165、174
アルシュベシェ橋〈フランス〉……68
アンダートン・ボートリフト〈イギリス〉……198
安徳天皇……165、166
砂子《いさご》橋〈兵庫県〉……66、68
諫早豪雨……v、64、65、71
諫早の眼鏡橋〈長崎県〉……v、64、65、71
イザベラ・バード……82、83
石川島造船所〈東京都〉……39、120、121
石田光成……28、167
一条戻橋《いちじょうもどりばし》〈京都府〉……vii、162-170、174
厳島《いつくしま》神社の反橋《そりばし》〈広島県〉……43、44
一般競争入札……232、233、236、238
井上勝《いのうえまさる》……230、231
岩倉使節団……88、92-97
石橋《いわはし》……72、74
ウィリアム・ウォーレス……182
ウェストミンスター橋〈イギリス〉……96
ウォータールー橋〈イギリス〉……95、96
請負……223、226-236、239
宇治橋〈京都府〉……ii、8、9、12、13、14、17、18、19、173、174
碓氷峠《うすいとうげ》のめがね橋〈群馬県〉……66、67
歌川広重……23、100、101、102
永代橋〈東京都〉……46、120、144、146
江戸の三大橋……25
恵美押勝《えみのおしかつ》の乱……19
円月橋〈東京都〉……69、70
大海人《おおあまの》皇子《みこ》……18、19
大友《おおともの》皇子《みこ》……18、19
忍熊王《おしくまのみこ》……18、19
織田信長……14、20、21、238
お手伝い普請《ふしん》……225
オリエンタル・バンク……243

か行

ガール水道橋〈フランス〉……60
懸造《かけづくり》……35、36、43、48、53、55
麛坂王《かごさかのみこ》……18、19
鍛冶橋架道橋／鍛冶橋〈東京都〉……121、122
カセドラル橋〈ドイツ〉……89、91
勝鬨《かちどき》橋〈東京都〉……viii、194、195
桂川橋梁《きょうりょう》〈大阪府／京都府〉……229
可動橋……viii、151、184-190、192-197
カペル橋〈スイス〉……207、208
釜石鉱山田中製鉄所……123
亀戸天神《かめいど》の反橋《そりばし》〈東京都〉……iv、46、47、48

《著者紹介》

五十畑　弘（いそはた・ひろし）

1947年東京生まれ。日本大学生産工学部土木工学科卒業。博士（工学）、技術士（建設部門）、土木学会特別上級技術者。日本鋼管㈱で橋梁、鋼構造物の設計・開発、営業に従事。企業統合後のJFEエンジニアリング㈱で空港関連のプロジェクトマネジャー、技術主席を経て退職。現在、日本大学生産工学部教授。鋼構造、土木史、土木遺産の保全を中心に研究活動。文化庁文化審議会専門委員、国交省総合評価委員、東京都、富山県、埼玉県等の文化財保護審議会委員他、複数の土木遺産修復・保全の委員会委員、委員長を務める。主な著書に、『図解入門 よくわかる最新「橋」の基本と仕組み』（秀和システム）、『歴史的土木構造物の保全』（共著、鹿島出版会）、『100年橋梁』（共著、土木学会）、監修に『橋の大解剖』（岩崎書店）などがある。

編集：こどもくらぶ（長野絵莉）
制作：㈱エヌ・アンド・エス企画（吉澤光夫、石井友紀）

※この本の情報は、2016年10月までに調べたものです。今後変更になる可能性がありますので、ご了承ください。

シリーズ・ニッポン再発見⑤
日本の橋
――その物語・意匠・技術――

2016年12月20日　初版第1刷発行　〈検印省略〉

定価はカバーに
表示しています

著　者　五十畑　弘
発行者　杉田啓三
印刷者　和田和二

発行所　株式会社　ミネルヴァ書房
607-8494　京都市山科区日ノ岡堤谷町1
電話代表　(075)581-5191
振替口座　01020-0-8076

平河工業社

ISBN978-4-623-07890-5
Printed in Japan